金鱼
养护与鉴赏
这本就够

金鱼老铺的
饲育宝典

[日]长尾桂介 著
时雨 译

海峡出版发行集团
THE STRAITS PUBLISHING & DISTRIBUTING GROUP

福建科学技术出版社
FUJIAN SCIENCE & TECHNOLOGY PUBLISHING HOUSE

卷首语

"卖金鱼喽，可爱的金鱼！"小贩一边挑着装满金鱼的水盆，一边走街串巷叫卖，吸引孩童们跟随围观的景象，成为代表日本江户时代（1603~1868年）的一幅具有风物诗意的画面。孩提时期，沉迷在各种节日庙会的金鱼小摊上，一定是属于这代人的共同回忆。今天虽然在大街上已经听不到这样的叫卖声了，但金鱼的人气却一点也不减当年。的确，金鱼憨态可掬的泳姿，十分可爱，况且金鱼饲养简单，种类丰富。总之，金鱼有着数不尽的魅力。

即使这样，有的人因为曾有过刚从庙会捞到的金鱼却一到家就死了的经历，所以一直在犹豫要不要养金鱼。其实，金鱼饲养十分简单，只要懂得要诀，许多金鱼是可以顺利养10年以上，就像小猫小狗一样成为家里的一员。本书总结了33条金鱼饲养最基本的必备秘诀，供您参考。

有金鱼为伴，一定能使你感受到治愈与平静。跟随本书，一起学习如何去饲养它们吧。

目　录

第五章　金鱼饲养问与答 ································· 109

第一章

饲养金鱼前的准备工作

1 了解金鱼的起源

◆ 1500多年前，在中国，金鱼由普通鲫鱼变异而来。

◆ 在室町时代（1336~1573年）末期，金鱼由中国传入日本。

◆ 江户时代末期，日本民间兴起一阵"金鱼热"。

1500多年前，鲫鱼的一次基因突变

泳姿可爱，充满治愈力的金鱼，最初是由野生鲫鱼发生基因突变而来。人们偶然在野生鲫鱼中发现了通体红色的鲫鱼。由于它们颜色鲜艳突出，并且这种基因能够稳定遗传，红鲫鱼就被人们当做观赏鱼来饲养了。虽然日本也有许多种类的鲫鱼，但是金鱼的祖先却被证实是中国本土的一种鲫鱼。后来，虽然金鱼的形态发生了各种各样的改变，但仍然遗传了很多鲫鱼的特征。

早在1500多年前，

手持金鱼球的少女。金鱼常被装在这种"金鱼球"中，悬挂在屋檐下供人观赏。（扬州周延画）

中国就已经有饲养金鱼的记录了。据记载，在宋代，就有一位皇帝以培育各种各样新品种金鱼为乐。没想到我们所喜爱的金鱼竟有这么古老的历史。

江户时代末期，日本民间的"金鱼热潮"

一般认为金鱼传入日本是室町时代末期。最初，金鱼只有在长崎以及上方（京都大阪地区）一带的大户人家才有饲养。江户时代的元禄时期（1688~1704年），逐渐扩大为一部分稍富裕的人都喜爱饲养金鱼。之后，因为一种被叫做"金鱼球"的玻璃器皿被制造出来，金鱼也可以被饲养在室内了。正因如此，江户时代末期，在狭窄的房屋里生活的平民，也兴起了一阵饲养金鱼的热潮。用扁担挑着水盆，走街串巷贩卖金鱼的小贩的叫卖声，成为了代表江户时代夏天的一首风物诗。

描绘了一对母子正在观赏水盆中饲养的金鱼。（歌川丰国 画）

令人惊讶的是，养殖金鱼的主要养殖户竟然是日本武士。因为低级武士收入微薄，他们把养殖金鱼作为自己的一项副业。

今天，虽然金鱼的种类繁多，但在江户时代，金鱼的主要品种只有和金和兰寿。幕末时期（1853~1867年），才选育出了琉金和狮子头等新品种。

明治时代（1868~1912年）之后，日本又从中国引进了出目金和朝天眼等许多新品种。日本金鱼市场现在也致力于金鱼的品种改良，培育出了多样化的金鱼品种。

现代培育出的新品种金鱼。

2 了解金鱼的身体结构

◆ 有体形修长的金鱼，也有体形短圆的金鱼。

◆ 仔细观察金鱼各部位，了解如何识别不同品种金鱼。

◆ 金鱼的尾鳍有着各式各样不同的特征。

根据各部位特征，判断金鱼的品种

金鱼的品种繁多，虽然都叫做金鱼，但外形却千差万别。

以和金为代表的金鱼，体形修长，游速快，与它们的鲫鱼祖先最为相近。以琉金、兰寿、狮子头为代表的金鱼，体形短圆，从侧面看就像一个球一样，泳姿缓慢优雅。因为体形和游速不同步，所以尽量不要把修长形的金鱼和短圆形的金鱼放在同一个容器里饲养。

识别不同品种的金鱼，首先要观察金鱼各部位的特征。不同品种金鱼最明显的区别就是尾鳍的形状和背鳍的有无。特别是尾鳍，有着许多种类，以和金为代表的"短尾"，以彗星为代表的"长尾"，以及以琉金为代表的"三尾""四尾"等。

另外，也有兰寿、狮子头这类，以头顶肉瘤的形态来区分的品种。

专家建议

平视与俯视

根据金鱼的品种，分为适合俯视欣赏的金鱼和适合平视欣赏的金鱼。因为欣赏的重点不同，所以建议根据金鱼的体态特点来选择饲养金鱼的容器。但也有些金鱼玩家不拘于此，他们的观点是任何容器、任何角度都能呈现出金鱼的美感。

狮子头俯视视角。

各部位的名称

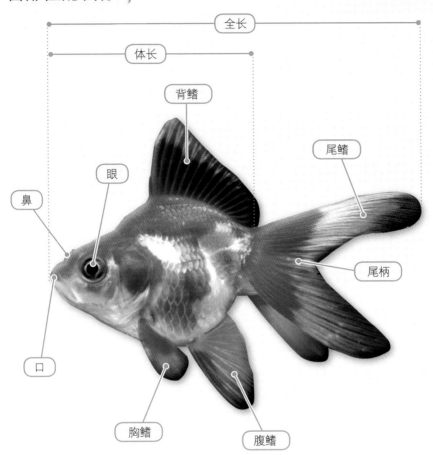

全长

体长

背鳍

尾鳍

眼

鼻

尾柄

口

胸鳍

腹鳍

尾鳍的种类

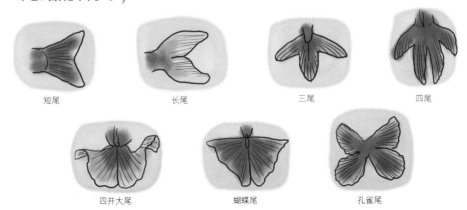

短尾

长尾

三尾

四尾

四开大尾

蝴蝶尾

孔雀尾

3学会分辨金鱼的雌雄

◆ 要繁殖金鱼，首先要学会分辨金鱼的雌雄。
◆ 雄性、雌雄金鱼最直观的区别就是生殖孔的形状。
◆ 观察雄性金鱼的"追星"和粪便的粗细。

学会分辨金鱼雌雄的几个要点

如果只是饲养一只金鱼，那么您也许不会太过在意它的雌雄。但如果您想要学会如何繁殖金鱼，那么就要学会区分金鱼的雌雄，然后采以不同的手法饲养。

从外观上是很难一眼分辨出金鱼的雌雄的，这里教您几个从细节特征区分的方法。

最大的一个特征就是生殖孔的形状。雄性金鱼的生殖孔较为细长，雌性金鱼的则呈圆形。在买金鱼的时候，很难看清在水池里游动的金鱼的生殖孔，可叫店员帮您一起确认金鱼的性别。但绝对不要在没有经过店员许可的情况下，私自捞取金鱼观察。

另外，繁殖期里的雄性金鱼，鳃盖和鱼鳍上会出现被称作"追星"的白色斑点。初见追星，您可能觉得这只金鱼是不是生病了，但请仔细观察，追星和生病引起的白点是完全不一样的。在繁殖期的雌性金鱼，因体内卵子成熟，腹腔会有一定程度的膨胀。

还有一点，雄性金鱼与雌性金鱼的粪便粗细不同。一般情况下，比起雄性金鱼，雌性金鱼的粪便会更加粗一些。

也许对于初学者来说，分辨金鱼的雌雄还比较难，在自己无法分辨的情况下，还请与专业人士一同确认。

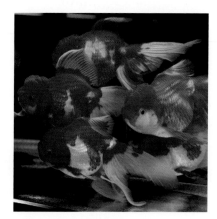

从特征上学着分辨金鱼的雌雄。

小贴士

分辨雌雄的方法

生殖孔的形状

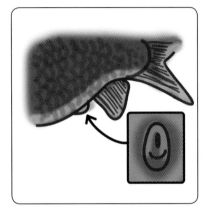

●雄性→细长形

●雌性→圆形

追星

粪便的粗细

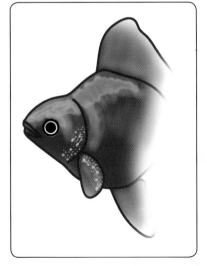

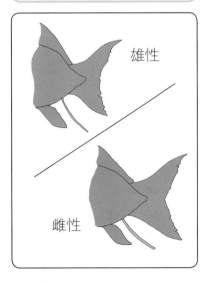

● 繁殖期的雄性金鱼，鳃盖与鱼鳍周边出现白色斑点

●雄性→细
●雌性→粗

4 如何挑选一只品质上乘的金鱼

◆ 品质好的金鱼，往往外表也是十分美丽的。
◆ 外表检查没有发现问题，再观察金鱼的动作姿态。
◆ 自己喜欢的金鱼才是最好的金鱼。

观察金鱼的身体和动作姿态，挑选健康的金鱼

要挑选健康、品质上乘的金鱼，您可以参考店员给您的建议，但最好自己也能知道几个代表金鱼品质优劣的特征。

最基本的判断原则就是，品质好的金鱼往往外表也是十分美丽的。好的金鱼，颜色鲜艳有光泽，身体和鱼鳍处没有伤痕，没有代表疾病的异样斑点。

为了判断金鱼是否生病，请仔细观察金鱼的鱼鳍。鱼鳍上有斑点，或者鱼鳍前端透明感不强，这都很有可能说明金鱼的状态不佳，或是生病了。

品种的特征是否很好地表现出来，也是一个判断金鱼品质的重点。例如，品质好的兰寿，头部的肉瘤一定是非常发达的。

仔细观察金鱼在水中的动作姿态。在鱼群中是否表现活泼，是否在靠近水面处活动，对投食的反应是否迅速，都是判断金鱼健康与否的依据。只要耐心多观察，就一定能很好地分辨出金鱼的优劣。

在专业领域，有着专门的针对金鱼的评价标准，初学者首先要学会的就是判断金鱼是否健康。能够亲手选择自己喜欢的金鱼，就会对这只金鱼更加心生爱意，这难道不正是一种缘分的缔结吗？

外表美丽的金鱼往往品质上乘。

观察金鱼的身体

- 身体是否鲜艳有光泽

- 身上有无明显伤痕

- 俯视观察金鱼是否左右对称

- 有没有代表疾病的异样斑点

- 鱼鳍有没有伤痕或破损

- 鳞片有没有竖起来

观察金鱼的动作姿态

- 在鱼群中是否活泼好动

- 对投食的反应是否迅速

- 能否顺利吃食

- 左右腮盖的开合是否均匀

- 是否在靠近水面处活动

5 准备购入金鱼

◆ 到金鱼管理规范的店里选购金鱼。

◆ 网购金鱼也是购入自己喜爱金鱼的一种好方式。

◆ 从庙会上的金鱼小摊中捞到的金鱼如何养。

金鱼的状态好坏代表卖家是否用心

既然已经下定决心养金鱼了，就一定希望所养的金鱼能够健康长寿。因此，选择一个好的卖家买入金鱼，是非常重要的。金鱼可以在宠物商店、超市、热带鱼店等多个地方买到，该选择在哪儿买入金鱼比较好呢，以下几点帮你快速做出决定。

想要什么样的金鱼，都可以跟店员提出。

首先，鱼缸的水清澈不浑浊，金鱼充满生气，活泼好动，这种店就是对金鱼管理规范的门店。相反的，水体浑浊，甚至水面漂浮着死的鱼，这种店对金鱼的管理一定是不到位的。

另外还有一点，卖家态度亲切，对提出的问题能够耐心回答也是很重要的。这是因为金鱼常常会生各种各样的病，如果感觉金鱼不对劲的时候，能够马上咨询专业卖家得到建议，就会感觉安心许多。

选择鱼店的几个提示

◎ 金鱼管理规范

◎ 金鱼健康、美丽

◎ 店员亲切专业

尝试网购金鱼

现在，网购金鱼也是一种很流行的方式。虽然不能亲眼看见实物，但网购可以让您快速找到一些喜欢的品种，很多网店也可以提供实拍视频供您选购，省去了很多时间。如果担心金鱼是否能够承受长途运输，可以考虑使用专用包装箱，选择专业宠物运输物流。

店内干净，鱼缸摆放整齐也是选择卖家的关键。

专 家 建 议

捞金鱼活动

在节日庙会里，必须参加的肯定是捞金鱼项目了，捞到的金鱼只要细心管理，也可以健康成长的。只是这些的金鱼经历了运输、逃跑、被捞取等过程，一定已经非常疲惫了，所以应该尽快把它拿回家，放在较大的鱼缸里静养。养鱼的水应事先用中和剂处理，去除余氯等。另外，不要马上喂食，让金鱼先适应缸内的环境，两三天后再开始喂食。

捞金鱼时应选择合群、泳姿矫健的金鱼。

6 选择合适的鱼缸

◆ 鱼缸的摆设应与房间的装修风格相呼应。
◆ 初学者可以选择好打理的亚克力材质鱼缸。
◆ 不建议用非常小的容器长期饲养金鱼。

先要少而精，宽度30厘米鱼缸养3只

为了长期饲养金鱼，请慎重选择鱼缸。设计、尺寸、价格和材质都是需要考虑的因素。另外，鱼缸的摆设应与房间的装修风格相呼应。

宽度30厘米的鱼缸，适合饲养大约3只金鱼。也许您会觉得3只太少了，但事实是，金鱼需要一定的游动空间。另外，鱼缸里养的金鱼密度过高会导致水质很容易变坏，金鱼就很容易生病。宽度60厘米的鱼缸可以养金鱼10只，宽度90厘米的大型鱼缸可以养15只左右（这里指的是体长5~6厘米的小型金鱼，大型金鱼应养更少）。请根据鱼缸的大小饲养合适数量的金鱼。

选择不同材质的鱼缸

鱼缸的材质有很多种，建议初学者选用亚克力材质的鱼缸，这类鱼缸的特点是轻便、易打理。玻璃材质鱼缸更加美观，且表面不容易留下划痕，但它比较重，易碎，打理时应特别注意。普通塑料

球形鱼缸可以近距离清晰地展现出金鱼的美丽。

容器常用来饲养昆虫，也可以用来做鱼缸，价格便宜且轻便，但不够坚固耐用，因此常在金鱼繁殖期和打扫鱼缸时作为暂养缸使用。

小巧玲珑的球形鱼缸曾经风靡一时，摆放在房间一角，也是一件非常好的装饰品。但其水容量较小，水质容易变坏，所以不建议长时间饲养金鱼。另外，球形鱼缸的水容量较小，所以溶氧量常常不足，故尤其是在炎热的夏季，必须使用增氧设备。

球形鱼缸的水容量较小，所以不要在里面养太多金鱼。

亚克力材质的鱼缸不易破碎，也可以被制造成很有设计感的样式。

专家建议

随着金鱼的成长更换鱼缸

饲养密度过高，会导致水质变坏、溶氧不足等情况发生。饲养金鱼的数量要和鱼缸的大小相适应。随着金鱼的长大，更换更大的鱼缸也是非常必要的。

塑料鱼缸可在药浴或繁殖的时候用于隔离、暂养金鱼。

7 饲养金鱼的必备用具

◆ 了解各种金鱼饲养用具的用途。
◆ 各种用具都有很多不同的种类。
◆ 根据金鱼的种类和数量选择用具的尺寸。

必备用具大整理

以下介绍几种金鱼饲养必备用具。

○鱼缸

根据饲养金鱼的种类和数量，选择大小相适应的鱼缸。如果因为位置受限鱼缸不能太大，那么相应的饲养数量也要减少。

○鱼缸放置台面

装满水的鱼缸是非常重的，选择一个承重强的台面放置鱼缸。

○增氧泵

金鱼需要从水中获取氧气。即使是大型鱼缸，在某些状况下也会有缺氧的危险。增氧泵可以增加水中溶氧量。

○过滤装置

有了过滤装置可以减少换水频率。过滤器有很多种，基本原则就是功率与鱼缸相适应，不要让缸内的水因更换过快而变得湍急。

○底沙

在缸底加入沙石，可以促进对改善水质有益的硝化细菌生长，也可以大幅提升鱼缸的美感。沙石种类繁多，可选择自己喜欢的类型进行搭配。

○水草

水草的绿可以将金鱼的红衬托得更加鲜艳美丽，产卵期还可以作为金鱼的鱼巢。充足的阳光照射可以让水草发生光合作用，产生氧气。光照不足时水草会枯萎，建议在较暗的环境使用人造水草。

○照明灯

照明灯可以让您更加清楚地感受水中世界的美丽。对于在室内较暗的环境中摆放的鱼缸而言更是必备。在进行金鱼摄影时，充足的光线也可以拍出更清晰的照片。要注意的是，金鱼也是有生物钟的，夜间请关闭照明灯让金鱼安静过夜。

○捞网

可以用于捞取金鱼和水中的垃圾。

○水温计

金鱼对水温变化非常敏感。应经常用水温计确认水温。

○青苔刷

鱼缸壁常会附着青苔，用海绵就可以进行擦除。使用专用的青苔刷可以更高效地去除青苔。

○加热棒

虽不是必须使用的，但在冬季气温过低的地区，使用加热棒可以让金鱼更加舒服地过冬。有时进行药浴会需要提高水温，这种时候也会使用到。

○余氯中和剂

换水时，新水需要静置一段时间，让余氯挥发才可以使用。使用余氯中和剂可以迅速除去水中的余氯，非常方便。

○软管

换水可以用勺子慢慢舀，但要花费很多时间，软管可以帮您更高效地进行这项作业。

8 关于水的一些知识

◆ 可以直接用自来水养金鱼，但是要去除水中的余氯。
◆ 最简单的除去水中余氯的方法，就是将水静置一段时间。
◆ 使用余氯中和剂可以立刻去除水中的余氯。

什么样的水能让金鱼感觉舒适

说到饲养金鱼，关于水的知识一定是不可或缺的。准备用来养鱼用的水，简单来说就是要让金鱼感觉舒适的水。

金鱼是淡水鱼，所以只能使用盐分在 0.5% 以下的淡水。普通的自来水不含病原菌，而且是金鱼喜爱的软水，可以用来养鱼。

但是，新自来水中含有 1~4mg/kg 的氯气，这对于人类来说是无害的，但却会成为危害金鱼健康的毒素。所以，必须对自来水进行除余氯处理。另外，富含钙镁化合物的硬水也是不适合用来饲养金鱼的。

最简单的除去余氯的方法就是将新自来水静置 1~2 天，余氯就会全部挥发。如果有阳光照射，这个过程会更快。静置的过程中也可以使用增氧泵，让水中溶氧量更高。

专家建议

可以用河水或是湖水养金鱼吗

在大部分情况下，河水和湖水都是适合养金鱼的。但现在工业污水和家庭污水很多都直接排入河里或湖里，并且大自然的水中常常会有一些有害的细菌或昆虫，所以尽量还是用干净又取用方便的自来水来养金鱼。另外，常常有人用井水养鱼，但井水里常常含有过量的铁或钙等矿物质，须在确认后再使用。

如果没有时间专门处理新水，可以到专门的宠物商店购买余氯中和剂。向新水中滴入规定剂量的中和剂，可以迅速除去新水中的余氯。

水对于金鱼就像空气对于人类一样重要。如果饲养金鱼的水不合适，金鱼就很容易生病甚至死亡，所以请认真准备饲养金鱼的水。

静置

① 自来水中的氧含量一般比较低，所以在静置的时候可以用增氧泵增加水中的溶氧量。

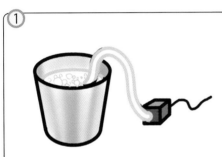

使用中和剂

② 只需加入余氯中和剂，简单又方便。

③ 余氯中和剂可以与水中的余氯和重金属进行反应，使它们无害化。

9 关于水温的一些知识

◆ 金鱼是变温动物，对水温的急剧变化非常敏感。

◆ 金鱼最适合的繁殖温度是 15~28℃。

◆ 设置加热棒，创造四季恒温环境。

5℃的水温变化就可能导致死亡

金鱼是变温动物，它的状态会因为不同的水温而发生非常大的变化。金鱼可以在 0~35℃的水温环境中生存，但最适合金鱼的水温环境是 15~28℃。一般养殖金鱼会将水温控制在 20~25℃之间。

金鱼对急剧变化的水温非常敏感，换水前后温差在5℃，就有可能导致金鱼死亡。所以，在换水或是将金鱼放入新环境的时候，要慢慢让金鱼适应水温。

在不同水温下，金鱼的活泼度会有大不同。

金鱼在低于 5℃的水温环境下就会冬眠，具体表现为常常待在鱼缸底部不动，并停止进食。如水温上升到 10℃，金鱼会恢复进食；如水温上升到 15~20℃，金鱼就会表现得非常活泼。因此，在天气冷的时候，如果发现金鱼不怎么吃食，请确认下水温，适当减少投喂饲料的量。另外，当水温超过 30℃的时候，金鱼也会不怎么进食。

投喂过量的饲料，金鱼吃不完的部分会污染水质，所以须按需投喂。在鱼缸设置一个水温计，可以一目了然地随时了解水温的变化，十分方便。

设置加热棒,预防金鱼疾病

在鱼缸里设置加热棒或恒温装置,让水在四季都保持恒温,创造一个让金鱼倍感舒适的环境。这不仅可以让金鱼在冬天也可以快活地游动,同时也会促进金鱼的生长。水温保持恒定,还可以预防多种由于水温急剧变化导致的疾病。如果要对金鱼进行药浴,把温度设定在比平时饲养温度高2℃,可以加强药效作用。所以,请记住要根据金鱼的状态控制、调整水温。

水温低于5℃,金鱼进入冬眠状态,停止进食,停止生长。

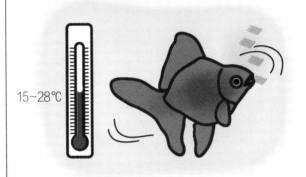

最适水温就是15~28℃,金鱼表现活泼,食欲旺盛,生长迅速。

水温在30℃以上,金鱼会变得没精神。虽说它们最高能耐受40℃的水温,但不能长时间生存。

10 将金鱼放入鱼缸

◆ 买到金鱼后请马上拿回家静养。
◆ 金鱼很怕摇晃，请轻拿轻放。
◆ 放入鱼缸时，特别要注意温度变化。

金鱼很纤细敏感，买回家时需多注意

经常有这样的事情发生：在店里好不容易选到的元气满满的金鱼，拿回家后却不怎么精神。这里要告诉您买到金鱼后回家的途中，几个需要特别注意的点，以减少这种情况的发生。

首先，买完鱼后直接回家，不要到处逛。虽然店家会在装鱼的塑料袋里打入氧气，但这些都只是最简单的保护措施。如果家比较远，最好事先告知店家离家的距离，适当增加水和氧气的量。如果行程超过1个小时，推荐使用便携式增氧泵。

如果您同时购买了金鱼和水草，请将它们分开装。为了防止水温上升，应避免阳光直射装金鱼的袋子。可以的话，将其套装在一个纸袋里。另外，金鱼很怕摇晃，尽量做到轻拿轻放。

专家建议

移入鱼缸

因为从鱼店带回的水中可能含有病原菌，所以尽量不要将此旧水混入新水，即只需将金鱼捞入鱼缸即可。用手来捞金鱼很容易将金鱼弄伤，所以推荐用捞网来捞。如果家里没有捞网，可以用手掌舀一些水，让金鱼在手心可以游动的状态下把金鱼移入鱼缸。

最初1~2天请不要喂食

在接金鱼回家之前，请先准备好养金鱼的水。如果是等金鱼到家后再去准备养金鱼的水，在塑料袋里的氧气耗尽后,水中溶氧量降低,金鱼就会变得虚弱。

就算事先准备好了水,也不能将金鱼突然放入新水中。健康的金鱼可以耐受 2~3℃ 的水温变化,但是这对金鱼是非常不利的。尤其是从水温高的环境突然进入水温低的环境,对鱼会造成很大的伤害。正确的做法是,先将装金鱼的塑料袋泡到新水中,经过 30 分钟至 1 小时,让袋中的水温与外界的水温差不多。

袋内的水温和外界达到平衡后,将鱼缸里的水一点一点加入塑料袋中,让金鱼适应新水的水质。之后再用捞网将金鱼迅速捞至鱼缸中。

这样,金鱼就到新的环境中了。金鱼在新环境中需要一段时间进行适应,最初的 1~2 天不要投喂饲料。另外,为了防止环境变化导致的疾病,推荐加入适量食盐,以水中含盐量0.2%~0.5% 为佳。

运输金鱼

金鱼与水草分开装袋。

将金鱼放入鱼缸的步骤

① 将塑料袋泡入鱼缸,让两边温度达到平衡。

② 将鱼缸里的水一点点加入塑料袋中,让金鱼适应新水的水质。

③ 尽量不要将旧水混入新水,用捞网将金鱼捞入鱼缸中。

11 不同金鱼的习性

◆ 金鱼有着各种各样不同的性格。

◆ 属于同一分类下的不同品种的金鱼，习性一般都比较相似。

◆ 不同品种的金鱼混养可能导致饲料被某种金鱼独占。

不同品种的金鱼，性格与游速不一样

每个养金鱼的新手都会想将多种不同品种的金鱼放在同一个鱼缸里养。但是，不同品种的金鱼，习性与游速都不一样，混养会产生各种问题。

本书第四章"金鱼图鉴"将金鱼按"和金型""琉金型""兰寿型""荷兰狮子头型"等进行分类，同一类的金鱼习性相似，游

将同一分类下不同品种的金鱼混养。

速也相似，在一起混养的话，问题不是很大。

相反，和金与兰寿这两种的金鱼习性完全不同。和金的游速飞快，但兰寿因没有背鳍，游速缓慢，因此和金会将饲料独占，导致兰寿无法抢到食物。另外，体型大的金鱼会抢夺体型小的金鱼的食物，这也是需要注意的。

还有，兰寿与南京、蝶尾金的饲养管理方法与其他品种有很大不同，也不要将它们与其他品种混养。

最后，即使是同一品种的金鱼，性格也有不同，如果经常出现打架、攻击的情况，须分开饲养。

同一分类下的品种，习性一般比较相似

琉金

狮子头

和金

出目金

花房

朱文锦

不要将下列金鱼混养

出目金

和金

兰寿

朱文锦

朝天眼

彗星

12 鱼缸的摆设

◆ 鱼缸的摆放位置会影响金鱼饲养的好坏。
◆ 了解金鱼不喜欢的环境。
◆ 根据步骤布置鱼缸。

金鱼不喜欢这些环境

在室内饲养金鱼，金鱼必须被迫接受人类的生活规律，所以鱼缸的摆放环境要尽量做到不要让金鱼感到压抑。

考虑到以上方面以及饲养的便利性，请不要把鱼缸摆放在以下几个位置。

不稳定的位置

1立方米尺寸的鱼缸装满水后质量近1吨。虽然一般人家的鱼缸不会有这么大，但装满水后也会有一定重量。所以，请把鱼缸放在稳定、能承重的台面上。推荐使用专用的鱼缸台，下面还有收纳工具的空间，非常方便。

注意不要将鱼缸直接放在地板上，因为日常震动会很容易传到鱼缸里。特别是榻榻米或是木地板，走路经过都会导致鱼缸微微震动。

阳光直射的位置

午后的阳光直射会导致水温上升过快，这对金鱼是不利的。理想的位置应该是只在上午晒得到太阳，并且通风良好。

吵闹的位置

金鱼对声音是很敏感的。在出入口处，开关门时的声音比较大，都会传导到鱼缸中，使鱼受到惊吓。同样的，也尽量不要将鱼缸摆放在人多嘈杂的位置。

离电器近的位置

经常有人会把鱼缸摆放在冰箱上或者音箱上面。水与电的特性决定了它们是绝不相容的。水容易引发电器故障进而导致触电或火灾，所以绝对不要把鱼缸摆放在靠近电器的位置。

暖气直吹的位置

水温变化会对金鱼产生不良影响。暖气直吹会导致水温上升过快，夜间如果把暖气关掉又会导致水温急剧降低。

远离电源的位置

过滤器、增氧泵及加热棒都需要用到电源，所以应摆放在附近有电源的位置。

远离水源的位置

在远离水源的位置放置鱼缸，会导致换水十分不便。用桶提水很耗费体力，如果经常移动鱼缸换水又对金鱼不利。但是，浴室或洗面台附近湿度又太高，通风不良，也是需要避开的位置。

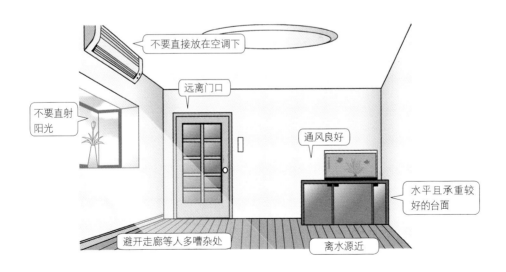

确定好摆放位置就可以布置鱼缸内部了

确定了摆放的位置后，就可以布置鱼缸内部了。首先确认鱼缸是否水平。

之后铺设底沙。铺设底沙的原则是前低后高，这样会比较美观，视野不被遮挡。在底沙上可以放置一些装饰品。

接下来是安装过滤器和加热棒，这里先不要插入电源。

确定缸内摆设后，就可以注水了。水草的摆设和调整可以在注水一半后进行。

注水完毕后，盖上盖子，打开加热棒和增氧泵的电源。

刚布置好的鱼缸请不要马上放入金鱼，因为杂质还未沉淀，水很浑浊。应先打开过滤器过滤一段时间，水质就会变得清澈。

小贴士

① 放置在水平且承重较好的台面上。

② 在水槽底部铺设底沙。底沙厚度约5厘米，然后布置装饰物。

③ 增氧泵与过滤器等器具安装后注入水，注水一半的时候布置水草。

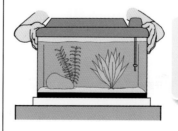

④ 注水完毕后，盖上盖子，打开照明灯。

第二章 照料金鱼

13 给金鱼喂食

◆ 不要喂食过量，"八分饱"最佳。
◆ 注意是否有金鱼独占饲料。
◆ 给金鱼喂食的同时注意观察其有无异常。

最佳喂食量为3~5分钟内能吃完的程度

喂食是与金鱼交流的最佳方式。与金鱼熟悉以后，每当喂食的时候，金鱼都会集中到跟前，会让您感到满满的爱。正因如此，常常会不知不觉就喂食过量了，需特别注意。

喂食频率控制在每天早晚各一次为佳。金鱼的活动时间一般在每天的9点到15点，在这段时间内喂食是最理想的。

金鱼吃食的姿态十分可爱。

每次喂食的量，控制在金鱼3~5分钟内能吃完的程度。也许你会想这样会不会太少了，但请不要忘记"'八分饱'对身体最好"，这条原则同样也适用于金鱼。家人重复投喂导致的喂食过量也常常发生，所以尽量指定同一个人来喂食。如果投喂过量，吃不完的饲料就会污染水质，5分钟后还没吃完的饲料请用捞网捞出。另外，喂食过量会导致鱼粪增多，这也是水质变差的重要原因之

喂食时的注意点

◎ 饲料的量与喂食频率是否正常。
◎ 是否所有金鱼都能吃到饲料。
◎ 饲料的颗粒大小应与金鱼口部大小相适应。

一。根据季节的不同，金鱼的食量也不同，请及时调整喂食量。

想让金鱼体型增大，请细心投喂

喂食的时候，请特别注意一下是否有金鱼会独占饲料。游速较快或体型较大的金鱼常常会独占饲料，让那些处于弱势的金鱼完全吃不到。这种情况下，可以采取将金鱼分开饲养，或将饲料投喂在弱势金鱼附近等方法解决。

投喂饲料的手法和金鱼的成长息息相关。在大型鱼缸或水池中，如果

检查是否所有金鱼都能吃到饲料。

想让金鱼体型增大，也可以一天喂食4~5次。反之，如果想让金鱼保持小巧的体型，可以一日投喂1~2次，并适当减少喂食量。

在喂食的过程中请随时观察是否有异常发生。

自动喂食器可以按频率和喂食量自动投喂。适合长期无法照料金鱼的时候使用。

专 家 建 议

金鱼没有牙齿吗

在我们人类看来，金鱼似乎都是直接将饲料整颗吞下，但是金鱼其实是有牙齿的，金鱼的牙齿在其喉部，叫做"咽喉齿"，可以将饲料颗粒磨碎。

金鱼没有胃部，只用肠来消化食物，所以吃食过量很容易导致消化不良。另外，金鱼无法感知自己是否吃饱，喂多少就会吃多少，所以少吃多餐更利于金鱼成长。

14 了解饲料的种类

◆ 金鱼更喜欢活饵料。

◆ 人工饲料的优点是营养更均衡。

◆ 还有将红虫或水蚤干燥冷冻后制成的天然饲料。

根据金鱼的种类和身体特点来选择合适的饲料

最初，金鱼是以红虫、水蚤和蚯蚓之类的活饵料为食。直到现在也有许多金鱼玩家执着于喂食活饵料。确实活饵料的营养价值更高，金鱼也更爱吃，是最高级的饲料，但是获得和保存都比较不容易。市面上也有售卖将红虫干燥并冷冻后做成的天然饲料，还有营养更均衡的人工饲料，可以都尝试一下。

人工饲料中最常见的就是颗粒饲料。颗粒饲料还分为浮水型与沉水型。前者更方便金鱼摄食，吃剩的也更容易捞出。相反，后者适用于像兰寿这类不善于游泳的品种摄食。

片状饲料最初会浮在水面上，吸水后变软并逐渐下沉。因其表面积大，散发出的气味更强烈，就更能勾起金鱼食欲，同时也更容易消化。另外，还有适用于小型金鱼或幼鱼的粉末状饲料。

人工饲料最大的优点就是营养均衡，可以放心让金鱼食用。另外，还有能让金鱼体色更加鲜艳的增色饲料。

浮水型饲料更加方便金鱼摄食。

人工饲料

按一定配方人工制作的金鱼饲料

颗粒饲料

片状饲料

分浮水型与沉水型。浮水型方便金鱼摄食，且更好清理，适合初学者使用。

在表面漂浮一段时间，随后逐渐沉入水中。表面积大，气味强烈，吸引金鱼集合摄食。

粉末状饲料

细腻的粉末状更适合于小型金鱼、幼鱼或鳉鱼等口较小的鱼摄食。

天然饲料

将活饵料干燥、冷冻后制成的天然饲料

红虫

适于金鱼食用的有红虫、水蚤、蚯蚓等。

15 改善饲养环境

◆ 每天注意饲养环境，避免金鱼发生异常状况。
◆ 水质与水温直接关系到金鱼的身体状况。
◆ 养成每日观察的习惯，不要放过任何一个小异常。

小心注意，避免金鱼发生异常状况

经常会发生这样的状况：好像每天都按正常方法饲养，但金鱼的状态就是每况愈下。如果出现这种状况，就要意识到一定是哪里出现了问题，应反复检查饲养环境，避免金鱼生病或死亡。

例如，吃不完的饲料不清理，就会影响金鱼的健康。虽然不能很明显地看到水质的变化，但沉淀在水底的饲料也许正在腐坏，生成有毒的物质。所以，投喂时请估算好饲料的量，尽量不要让饲料剩下来。

但是，饲料喂食过少，或饲料被一部分金鱼独占，也会导致有些金鱼体质衰弱。请仔细确认不善于游泳的金鱼或体型较小的金鱼是否能够吃到饲料。

及时换水让水质保持良好状态，避免饲养金鱼密度过高，对金鱼进行良好的管理是每个金鱼饲主的责任。另外，水温高低及水温的变化，也直接关系到金鱼的健康。特别是换水的时候，常常伴随着水温急剧变化的危险状况，这会使金鱼体质变弱，甚至生病。请根据换水步骤仔细进行操作。

细心观察，注意细节，避免异常状况。

金鱼发生的异常状况及主要原因

异常类型	发生状况	具体原因
窒息	缺氧	饲养密度过高，氧供应不足。投喂饲料过多导致的水质恶化
中毒	亚硝酸或矿物质浓度过高、氯中毒	水中的余氯没有清除干净
营养障碍	维生素或矿物质缺乏、发生内脏病变	营养不平衡。摄食过量导致的消化不良
同类相食	饥饿	鱼体型差别过大
体质虚弱	体力消耗、鱼龄过大	刚放入新水中时。水温急剧变化。寿命过长
冻死	水温过低，结冰	未针对寒冷天气作保温措施。水深不足
药害	药物中毒	药物剂量过高。没有遵循规定的用法用量
寄生虫	白点病，锚虫等	水质恶化导致病原发作。由外部侵入
天敌	鸟类、猫、水生生物等侵害	忘记盖盖子。没有常备防护网
意外状况	容器破损，金鱼跳出	容器破损导致金鱼流出。没有防跳措施

16 注意水中的溶氧

◆ 增氧泵是必需品。

◆ 夏天水中溶氧较低，容易发生缺氧。

◆ "浮头"是危险的信号。

缺氧会导致金鱼猝死

金鱼猝死的原因有很多，但最常见的是因为缺氧。水中溶氧量是肉眼无法观察到的，所以很容易被人们忽略，但这却是关乎金鱼生命的大事，所以请一定养成经常确认水中溶氧是否充足的习惯。

为了随时保持水中溶氧充足，增氧泵就是不可缺少的设备。特别是小型鱼缸或金鱼密度很高的养殖池，非常容易发生缺氧的状况，所以必须设置增氧泵。小巧可爱的金鱼球因水容量较小，溶氧也会不足。

液体氧补充剂，虽没有增氧泵有效，但可以在应急时使用。

需要特别注意夏天的高温天气。气温每上升10℃，金鱼的呼吸频率就会加快2倍。此外，气温越高，水中的溶氧量就越低。因此，氧气的消耗量增加，而供给量减少，极易发生缺氧的状况。

鱼会反复把嘴伸出水面，"吞食"水面上的空气，这种现象叫做"浮

容易发生缺氧的环境

◎没有设置增氧泵

◎小型鱼缸

◎水饲养密度过高

◎水温较高

头"。这是一种很危险的信号,意味着金鱼缺氧了。这时应该迅速打开增氧泵,并打开过滤器让水加速流动。

市面上也有售卖一种氧补充剂,可作为一种应急补充溶氧的方法。

市面上有卖这种兼具过滤和增氧功能的一体设备。

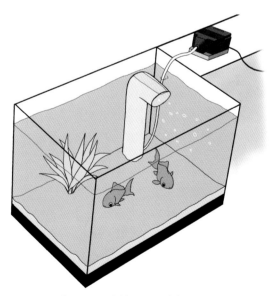

增氧泵可以长期打开,充足的溶氧能让金鱼倍感舒适。

17 栽种水草

◆ 水草的绿最能衬托金鱼的五彩斑斓。

◆ 水草可进行光合作用，产生氧。

◆ 水草也需要无微不至的照料。

饲料不足时可成为金鱼的食物

水草美丽的绿色，映衬着金鱼的五彩斑斓，仿佛上演着一幕华丽的舞台剧。最初，水草不是被用来观赏的。金鱼吸收水中的氧，排出二氧化碳。水草在阳光的照射下，发生光合作用，可以吸收二氧化碳，又将其转变为氧。

水草映衬下的金鱼，色彩显得更加鲜艳。

水草在水中有着重要的造氧功能。当然，对于金鱼来说，鱼缸中的水草并不能提供足够的氧，还是需要辅助的增氧手段。

另外，金鱼是杂食性鱼类，在饲料不足的情况下，水草也可以成为它们的美餐。水草有着这么多的优点，所以一定试着在水中栽种几棵。

修剪水草，给金鱼留出更多游动空间

水草也是一种生物，对它的管理也是不可或缺的。如果任其生长，很快就会使得缸内环境恶化。夜间或黑暗的场所，水草不仅不能进行光合作用，反而会消耗氧，使水中氧含量降低。当然，枯败的水草也会产生毒素，危害金鱼健康。

放入水草前，要先将受伤的叶片和根部切除，之后用镊子将其在插入底沙中。根系较多的水草，要先在底沙上挖一个坑，然后将水草种入，随后再将底沙回填压实。也可用绳子直接将水草固定在沉木上。

水草会生长，所以需要经常进行修剪。特别是水草长出水面以后，会遮住阳光，使得缸内光线变暗。另外，水草生长过密也会妨碍金鱼游动。

布置水草的造型也是一项有趣的工作。让我们一起动手，打造一个金鱼与水草和谐共生的水中环境吧！

使用镊子在底沙中固定水草，不要让水草浮起来。

固定根系发达的水草时，应先挖坑将根部埋入。

将水草固定在沉木上，营造一种自然美。

18 水草的种类

◆ 了解水草的种类与特点。
◆ 较暗的环境中，可以采用人工水草。
◆ 将水草彻底清洗后再放入鱼缸。

> 了解不同水草的特点，
> 选择跟金鱼相适的种类

根据形态特点，水草可分为有茎水草、根生水草与可以在岩石或木头表面生长的附生水草。有茎水草的代表是水蕴草，根生水草的代表是迷你小叶榕，附生水草的代表是三角莫丝。为了在造景的同时方便管理，也时常会用到人工水草。在光线较暗的环境下，水草会消耗水中的氧分，造成溶氧不足，所以也只能使用人工水草。

在水草中穿梭的兰寿。

在将水草放入鱼缸之前，应将每根水草都仔细清洗干净。清洗完毕后置于 0.5% 浓度的食盐水中浸泡，可除去寄生虫与病原菌。如果条件允许的话，可将水草置于除去余氯的水中浸泡一周左右，可彻底断绝病原菌的侵入。

金鱼在水草间玩耍。

常见水草

水蕴草

属便于购买的热门品种。生长旺盛，要勤加修剪。

迷你小叶榕

优点是叶片较硬，金鱼不会啃食，也就不会污染水质。生命力顽强不容易枯萎。

水盾草

有着细密的针状叶。纵向生长较快。属热门且便于购买的品种。

水葫芦

一种浮在水面上的水草。光照较好的条件下生长较快，需经常清理。

水盾草的花。从水底露出它的美丽姿态。

水葫芦会开出淡紫色的美丽花朵。

19 换水作业

◆ 为了保持水质，每月需部分换水 1~2 次。
◆ 水泵是部分换水作业的利器。
◆ 鱼缸出现明显污渍时，将金鱼移至其他容器暂养。

定期进行部分换水，让水质保持最佳状态

过滤装置可以在一定程度上保持水质。但即使装有过滤装置，仍需要每个月对鱼缸进行 1~2 次部分换水作业。

一次更换所有水，会对金鱼的身体造成很大负面影响，并且会破坏水中的微生物平衡，所以只需进行部分换水，即使用水泵将 1/3~1/2 的原水抽出，然后加入新的水。需要注意的是，需要用余氯中和剂将新水中的余氯除去，并且将水温调节到与原水相近。

如果发现鱼缸里有很明显的污渍，需要用捞瓢等将金鱼捞至其他容器暂养，同时将鱼缸内一半的水移入暂养容器。再彻底清洁鱼缸，并将脏水排尽。

换水的频率与缸内金鱼的大小与数量都相关。养成经常观察水质状态的习惯，让水质时刻保持最佳状态。

需要换水的一些迹象

◎ 水泛白浑浊。
◎ 能闻到水发臭。
◎ 金鱼经常浮头呼吸。
◎ 增氧泵产生的气泡在水面形成泡沫。

仅进行换水

用水泵排出部分原水，然后将事先准备好的新水加入。要特别注意水温差异。

将金鱼移至暂养容器

① 将鱼缸内 1/3~1/2 的原水与金鱼一起用捞瓢移至暂养容器。要小心操作不要伤到金鱼。

② 将鱼缸内的苔藓、鱼粪等污渍清除干净，将污水排尽。

③ 向鱼缸内加入事先准备好的新水，然后用捞瓢将原水与金鱼一齐捞回鱼缸。

20 清洗鱼缸

◆ 每半年全面清洗一次鱼缸。
◆ 掌握正确的清洗方法，减小金鱼的负担。
◆ 不要将净化水质的微生物全部洗去。

全面清洗鱼缸，打造干净卫生的水环境

为了让金鱼有一个舒适的水环境，定期进行鱼缸清洗是非常有必要的。清洗鱼缸的频率大致在每半年 1 次。小型鱼缸或饲养密度较高的状况下，可将清洗频率适当提高至 3~4 个月 1 次。清洗鱼缸可以大幅提升水质。

清洗鱼缸有以下几个需要注意的地方。因为清洗鱼缸需要多次移动金鱼，这会对金鱼造成很大的负担，所以要特别注意操作的细节，不要让金鱼受伤，避免水温剧烈变化。

清洗鱼缸前，断开所有电器的电源，然后将金鱼捞至暂养容器中。

专家建议

保护水中有益菌

在底沙等处附着着的有黏滑手感的物质，就是细菌。它们经常会被认为是污渍，但实际上它们具有分解水中有机物，净化水体的作用。污水处理厂也会利用细菌来处理污水。所以请保护水中的有益菌，不要将它们全部除去。

底沙中常常混有残留的饲料和鱼粪，为了保护有益菌，只需用流水轻轻将底沙中的污渍洗去即可。另外，过滤器中也会有细菌繁殖，不要在清洗鱼缸的同一天清洗过滤器，可以很大限度上保留水中的有益菌。

有益菌会在 1 周到 1 个月时间内自然繁殖到一定数量，所以不必过于担心水中是否缺少有益菌。

之后，将缸中的水排尽，除去水槽中的污渍和藻类，洗净底沙。不要用强力去污剂清洗污渍，因为残留的物质会对金鱼造成伤害。

藻类对金鱼无害，所以没必要把所有角落缝隙里的全部清除，只需除去覆盖在缸壁上挡住视线的那部分即可。

鱼缸清洗完毕后，加入事先除去余氯的水，接通各种电器的电源，运行半小时左右，再将金鱼放入。新水的水温应与暂养容器内的水温接近。

清洗鱼缸的步骤

① 将金鱼捞至其他容器内暂养

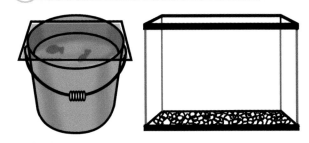

移动时注意不要伤到金鱼。同时，将水草和加热棒等一同移出鱼缸。

② 清洗鱼缸与底沙

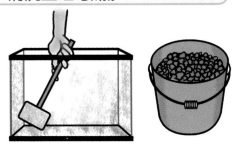

用水清洗缸壁、底沙以及加热棒之类的饲养器具。黏滑的物质是有益菌，清洗的时候不要将它们全部洗去。

③ 将金鱼移至新水中

加入事先除去余氯的新水，恢复原先的饲养环境，之后再将金鱼移回鱼缸。

21 不同季节的饲养方法

◆ 金鱼可以适应四季的变化。

◆ 根据季节的不同调整饲养方法，让金鱼过得更加舒适。

◆ 春季和秋季是金鱼最容易生病的季节。

最重要的一点就是要保持适当的水温

春 舒适的季节，但容易生病

在15℃左右的水温下，金鱼表现活泼并且食欲较佳。这个时期，只要水温升高到10℃以上，就可以撤除加热棒。

春季对金鱼来说是一个舒适的季节。但是初春时期，由于刚刚经历了寒冷的冬季，金鱼的体力还尚未完全恢复，若突然增加喂食的量，会导致金鱼体质下降，所以这个时期每天只需在早晨喂食一次即可。直到可以明显观察到金鱼变得活泼，可以在傍晚增加喂食一次。另外，鱼缸的清洗请等到金鱼体力完全恢复的晚春时期再进行。

春季是金鱼病高发的季节。请密切观察金鱼的状态，尽早发现金鱼的异样，并及时进行治疗。

夏 重点是防暑与保持水质

夏季防暑是饲养金鱼的重点。避免将鱼缸放置在阳光直射的地方，防止水温过高。水温过高会导致水中溶氧量下降，并迅速导致水质恶

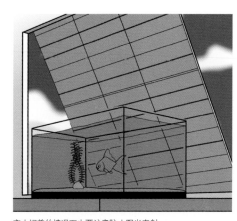

室内饲养的情况下也要注意防止阳光直射。

化。另外，室内不通风的情况下，没有开空调白天的气温会达到37℃以上。虽说金鱼可以耐受35℃的水温，但它的最适水温是28℃左右，故请注意室温的调整。但是，急剧的水温变化会对金鱼带来极大的负担，请时刻注意确认水温。

夏季金鱼食欲最为旺盛，鱼粪的量也相应增加，请注意水质的变化，做好清洁工作。

秋 最舒适的季节，为越冬做准备

夏季的暑气褪去，来到了对金鱼而言一年中最舒适的季节。但是，秋季是白点病等寄生虫导致的疾病高发的季节，必须尤为注意。

这一时期，是为即将到来的冬季做准备的最好时机。寒冷的冬季进行鱼缸清洗会破

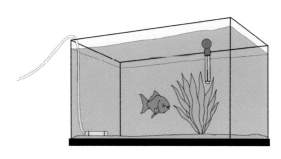

使用加热棒可以让金鱼在寒冷的季节也活泼地游动。

坏金鱼的健康，所以应趁现在将鱼缸内清洗干净。另外，为了储备过冬的能量，这一时期可以加大鱼食的投喂量。水温降至10℃以下时，可使用加热棒。

冬 为保持水温，推荐使用加热棒

在没有使用加热棒的情况下，水温降至8℃以下，会导致金鱼停止进食，沉在水底不动。但这不表示金鱼体质恶化，而是金鱼即将进入冬眠状态的信号，不要过于担心。

室内饲养的情况下，暖气的开闭会导致室温急剧变化，加大鱼体负担。使用加热棒可以保持水温的恒定。

但是，如果希望金鱼在春季进行繁殖，需要让金鱼感受到寒冷（详见第60页），需在一定时间内将加热棒撤除。

22 养鱼神器大收集

◆ 选择适用于您的饲养环境且使用顺手的工具。
◆ 在金鱼专门店搜索养鱼神器。
◆ 为饲养提供便利并让金鱼感到舒适的养鱼神器。

使用顺手的工具让您事半功倍

在金鱼专门店或者宠物商店，可以看到琳琅满目的养鱼工具，却常常不懂得怎么挑选。关于必要的饲养工具，可参见第 20 页的说明，这里为您介绍一些可以为饲养提供便利或让金鱼感到舒适的饲养工具。

水桶、水盆

可作为暂养容器或换水时使用，也可用于隔离金鱼。特别是深度较浅的水盆，常作为暂养容器使用，但应尽可能选购一个容量较大的。

换水泵

利用 U 形管原理的排水泵，可以大大减轻劳动强度，让换水作业变得非常轻松。它不仅可以用于排水，也可用于吸出沉淀在水底的污物。

恒温装置

在繁殖时期、药浴或季节变化时，可为鱼缸保持恒定的温度。有内置恒温装置的加热棒。比起固定温度的恒温装置，还有一种可调温度的恒温装置，可用于不同用途。

管刷

只有它可以用于清洁过滤装置等所有管路的内壁，有着无可替代的作用。

牙刷

用于清洁鱼缸的角落，或狭窄的缝隙。使用旧牙刷即可。

背景贴纸

深色的背景贴纸可以更加衬托出金鱼与水草色彩的鲜艳，让鱼缸内景更加美丽。它更重要的作用是可以让金鱼更有安全感。

吸管

可用于吸取细小的鱼粪与污渍。也可用于给幼鱼喂食丰年虫。

鱼缸盖

可防止水蒸发，并有一定保温效果。夏季时，为防止水温过高，可适时打开鱼缸盖通风。

亚硝酸盐测定试纸

可用于测定有害的亚硝酸盐浓度以初步判定水质。

冷却风扇

夏季时，在室温较高的房间，开启冷却风扇可以防止水温过高。

细菌繁殖促进剂

换水后会导致水中有益菌减少，对于金鱼来说，过于干净的水刺激性较强，会加重它们的身体负担，导致生病。在清洗鱼缸后有益菌减少的情况下，加入适量的细菌繁殖促进剂可以加快有益菌的繁殖速度。

23 鱼缸造景

◆ 一起开始布置鱼缸吧。

◆ 底沙会大幅影响缸内造景的风格。

◆ 打造与房间氛围搭配的鱼缸内景。

放入人造花朵，打造华丽背景。

活用水草与底沙

　　用心装饰鱼缸，它就会成为屋内最夺目的装饰品。首先，金鱼的品种与颜色固然十分重要，但水草的选择也是关键。这其中，有独树一帜、造型突出的种类，也有能营造梦幻般氛围的种类。

　　底沙也会大幅影响缸内造景的风格。最近流行的一种沙——黑色小粒的大矶沙。它朴素的颜色使得落在上面的污渍与鱼粪不显眼，并且可以衬托出金鱼与水草的鲜艳颜色。另外，选择暗色的底沙，也可以使得鱼缸内的造景分辨度更高。

附着人工苔藓的石头。

　　无论是色彩缤纷的五色沙，还是通体雪白的白沙，都可以给人明快的印象，但它们的缺点是落在上面的污渍非常显眼，需要经常打扫。

　　还有沉木、石头或小玩偶之类的可以提升鱼缸造景美观度的物件，也都可以尝试。这些东西不仅仅是作为装饰，也可成为金鱼的躲避场所，提升金鱼的安全感。

沉木与石头是自然界中取来的，所以会附着有细菌或寄生虫等，入缸前请做好消毒工作。另外，如果有会伤到金鱼的棱角，需做好打磨处理。

球形金鱼缸内的景观。

用心放置，打造层次感

为了让缸内景色富有层次与深度，需要遵循一个布置原则，就是"前部较低，后部较高"。另外，装饰物不宜使用过多，要给金鱼留出足够的游动空间。

说起鱼缸，一般是摆放在家中的玄关位置，但您也可以尝试打造一个能放在房间，与自己房间风格相匹配的作品。不仅仅只在鱼缸内进行装饰，也可以在鱼缸的旁边一些摆放观叶植物，让它们成为一个整体的作品。

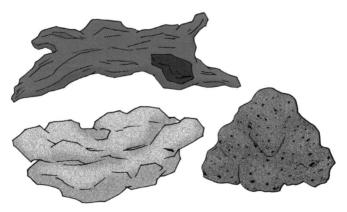

奇石与沉木可以决定鱼缸的风格。

24 露天饲养

◆ 挑战在庭院或阳台露天饲养金鱼。

◆ 露天饲养会让金鱼体型增大并更加鲜艳。

◆ 露天饲养尤其要注意水温的变化。

在宽敞的露天环境中饲养

室内饲养对水温的控制较为简单，但由于地方限制，一般鱼缸都比较小。如果您想饲养更多的金鱼，那么就可以试试在庭院或者阳台进行露天饲养。

露天饲养最大的优点就是地方宽敞。在较大的容器里，金鱼的体型会成长得更

露天养鱼神器——方形养鱼水槽。

大。由于接受了充分的阳光照射，金鱼的体色也会更加鲜艳。但是，由于阳光照射导致的水温变化过快，这是露天饲养一个需要特别注意的地方。

推荐露天养鱼神器"方形养鱼水槽"

露天饲养有许多方法。拥有庭院的人可以挑战自建鱼池。有水泥制鱼池，也有贩卖的塑料鱼池。鱼池的特点是一旦做好就不能移动，所以要谨慎选择设置的场所。一般选择光照与通风条件良好，且取水方便，可遮雨的地点较佳。

想在阳台养鱼，最方便的就是使用塑料制方形养鱼水槽。有各种各样的型号，可根据自己阳台的尺寸进行选择。

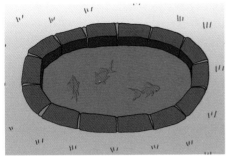

造型古朴的砖砌鱼池，可提升庭院的美感。

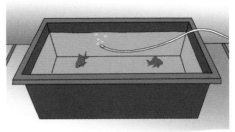

可放在阳台使用的方形养鱼水槽。

最理想的场所——只有上午有直射阳光照射

露天饲养最需要注意的就是水温的变化。光照条件过好的地方，会有水温变化过快的缺点。另外，阳光会让水中藻类及植物迅速繁殖，造成水华现象。水华会使水中溶氧量下降，水体发绿发臭，产生毒素，严重影响金鱼健康。

最理想的场所就是只有上午有直射光照射的地方。下午有直射光或者有西晒的地方都是不适合的。

直射光会使得水温上升过高，需要想办法设置适当的遮阴设施。另外，春秋两季上下午温差较大，也需要特别关注。

专家建议

共生与水华

露天饲养时，水体会慢慢变成绿色。这不是污垢，而是藻类大量繁殖的结果。金鱼吞食这些藻类，可以让体色更加鲜艳，所以这对金鱼来说是有利的。虽说是这样，但藻类繁殖也是需要有一定限度的。藻类繁殖过度会对鱼体产生危害。如果水的能见度低于20厘米，就是需要进行换水的时机了。但切记不要一次全部换水，这样难得生长出来的藻类就全部浪费了，每次换水量控制在1/3~1/2。

因为露天饲养的水体表面积一般较大，所以不用特别担心水中的溶氧量。一般只在夏季需要设置增氧泵，增加溶氧。此外，冬天使用增氧泵可以加快水体流动，防止结冰。

虽说过滤装置不是必须的，但如果没有过滤装置，就需要定期换水，以保持水体清洁。在鱼池边放几盆水，就可以随时有水温相近的水可供更换。

请注意防止野生动物的侵害。

第三章

繁殖与健康管理

25 了解金鱼的繁殖

◆ 了解一些基础知识，初学者也可以进行金鱼繁殖。

◆ 露天饲养的金鱼更容易繁殖。

◆ 最适合金鱼产卵的水温是 20℃左右。

室内饲养要特意创造冬天的环境

在很长的历史中，金鱼一直都在进行着品种改良的交配繁殖。一般人会认为金鱼的繁殖是一件很专业的事情，但事实上将多只金鱼混养，常常也会有自然产卵的现象。当然，为了能够更有计划地进行金鱼繁殖，有必要了解一些繁殖的基础知识。

看着自己饲养的金鱼交配产卵，鱼卵孵化成幼鱼，之后幼鱼逐渐长大的过程，是十分令人激动的。如果有足够的饲养空间，就请一定尝试着去繁殖它们吧。

金鱼一般在冬季结束后的初春，感知到环境的温度变化和日照时间变化而进入繁殖期。因此，露天饲养的金鱼是最适合进行繁殖的。若想让室内饲养的金鱼进入繁殖期，需在冬季停用暖气，将水温降至 10℃，持续 7 周左右，模拟冬季环境。

根据想得到的后代，选择种鱼

既然想要繁殖，那么首先要确定想要得到的子代金鱼的体形与体色，然后据此来选择种鱼的类型。雌鱼与雄鱼的分辨方法请参照第 12 页。从孵化起经历了一个冬天的"一龄鱼"就具备繁殖能力，但一般二～四龄的雄鱼，三～五龄的雌鱼是处在最佳繁殖阶段。

但是即使是选择好了种鱼，子代金鱼的外表仍然随机性很强，这其实也是繁殖的乐趣所在。

准备好了种鱼，当水温升至15℃左右，即将进入产卵期时，需暂时将雄鱼与雌鱼放入不同容器分开饲养，这是为了控制产卵的时机。3~6月，当水温上升至20℃左右时，就可以正式进入交配产卵期了。

选择优质的种鱼对，一定能繁殖出健康美丽的子代金鱼。

产卵期前将雄鱼与雌鱼分开饲养

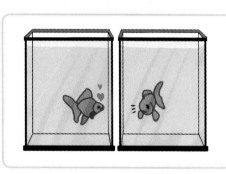

水温上升至15℃左右，将雄鱼与雌鱼分别放入不同的鱼缸内饲养。

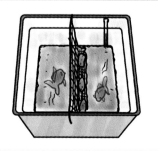

在同一个鱼缸内，用网进行隔离也可以。

26 产卵前的过程

◆ 水温达到 20℃左右时，将种鱼对合缸饲养。
◆ 在繁殖缸内放入水草等作为鱼巢。
◆ 顺利的话一晚上就可以产卵完毕。

准备好繁殖缸，将种鱼对放入

在产卵季之前，将雄鱼与雌鱼分开饲养，可看见雄性金鱼的鳃盖和鱼鳍部位出现追星，雌鱼体内卵子成熟，腹部明显隆起。水温升高到 20℃左右时，就可以开始准备繁殖缸了。繁殖缸内应事先准备好与原鱼缸水温相当的水，并放入用作鱼巢的水草。或将若干毛刷捆绑成一束，也可以作为鱼巢使用。过滤装置会将鱼卵吸入，所以不能安装。

准备好后，将种鱼放入繁殖缸。为了提高卵子的受精率，1 只雌性金鱼可搭配 2 只雄性金鱼。

将种鱼放入繁殖缸后，可以看见雄鱼追逐雌鱼。如果出现这种现象，就说明马上要产卵了。

专家建议

自然产卵

多只金鱼一起饲养，无需任何干预，也可以自然产卵。春季水体呈现白浊状，很有可能是鱼精子排出，请检查水草上是否有鱼卵。如果水草上出现大量鱼卵，就要将水草移入其他容器中孵化。

金鱼的产卵数一次可以超过 5000 粒

金鱼产卵一般在夜间进行，第二天早上就可以看见。雌鱼会将鱼卵产在鱼巢上，然后雄鱼再将精液喷上去。金鱼产卵的数量非常多，一次可以超过5000粒。鱼卵的直径在1毫米左右，呈不透明乳白色的鱼卵是未受精卵，不会孵化。

如果经过2天还未产卵，可将雄鱼与雌鱼再次分开饲养，几天后再试一次。

产卵之后，为了防止种鱼吞食鱼卵，可将鱼巢移至孵化缸中。因为水中残存的精液会影响水质，所以可将种鱼也放入别的鱼缸饲养。产卵会消耗大量体力，所以应将雌鱼与雄鱼分开，分别用0.5%盐水静养一周左右。

保持水温在20℃左右，几天后受精卵内会出现黑色点，5天后就能孵化出幼鱼。

繁殖的步骤

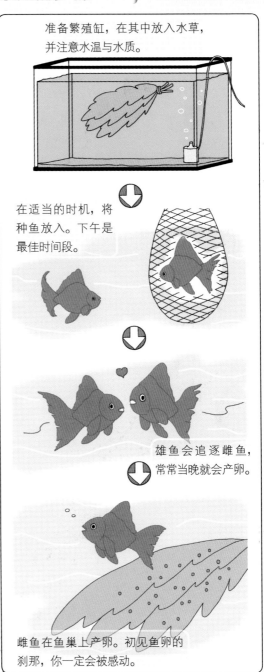

准备繁殖缸，在其中放入水草，并注意水温与水质。

在适当的时机，将种鱼放入。下午是最佳时间段。

雄鱼会追逐雌鱼，常常当晚就会产卵。

雌鱼在鱼巢上产卵。初见鱼卵的刹那，你一定会被感动。

27 鱼卵的孵化

◆ 温差较大的时候请使用加热棒。
◆ 孵化时保持水温在 20℃左右。
◆ 鱼卵 5 天左右就可以孵化。

最关键的一点就是保持适当的水温

鱼卵孵化期总是让人望眼欲穿，即使是这样，也不要用手触摸鱼巢，而应该耐心静候。

孵化缸内可以设置增氧泵，增加氧的供给。为了防止鱼卵被吸入，不要使用循环式的增氧泵。过滤装置也会将鱼卵或幼鱼吸入，也严禁使用。

为保持水温恒定，在温差较大的天气，一定要使用加热棒。温度设定至 20℃。水温 20℃时，孵化期是 5~6 天；15℃时，孵化期是 1 周左右。

水温不是越高越好，过高的水温会令孵化过程加快，但是容易造成胚胎发育畸形，所以不要将孵化缸放置在有阳光直射的地方。

呈不透明乳白色的鱼卵是未受精卵，久置后会腐败，使水质恶化，发现后应将其除去。

孵化的小技巧

◎最重要的一点就是保持恒定的水温。最适温度是 20℃。
◎使用增氧泵增加水中的溶氧量。
◎避免使用过滤器，过滤器可能将幼鱼或鱼卵吸入。
◎为防止水温变化，不要将孵化缸置于阳光直射的地方。
◎鱼卵十分脆弱，不要触摸鱼巢。

刚孵化出的幼鱼，长4~5毫米。它们细长半透明的身体，常常会让人目不转睛。

刚孵化出的幼鱼靠附着在腹部的卵囊提供养分，因此会静静呆在水底，数日内不用喂食。卵囊吸收完毕后，幼鱼就会开始四处游动觅食。

孵化缸

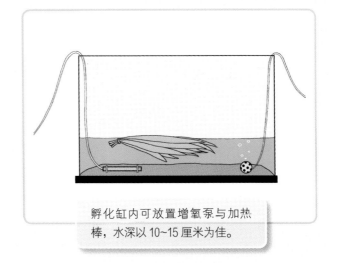

孵化缸内可放置增氧泵与加热棒，水深以10~15厘米为佳。

鱼卵的孵化

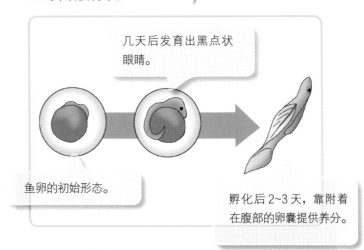

几天后发育出黑点状眼睛。

鱼卵的初始形态。

孵化后2~3天，靠附着在腹部的卵囊提供养分。

28 幼鱼的饲养

◆ 幼鱼最喜爱的饲料就是活水蚤。
◆ 初期饲料可用丰年虫替代。
◆ 2 周后可投喂配方饲料。

投喂合适的饲料，让幼鱼健康成长

孵化后 3 天左右，幼鱼就会离开鱼巢四处游动觅食。看到这种现象，就可以将鱼巢除去，开始投喂饲料。

幼鱼最喜欢的饲料就是活水蚤。水蚤在池塘与田间大量存在，可以试着去收集一些。水蚤可以用网眼较密的捞网捞取。

营养丰富的丰年虫

如果附近没有池塘，无法获得水蚤，可用市贩的代用饲料。其中，丰年虫营养价值高，非常适合作为初期饲料。

专 家 建 议

幼鱼的选育

每次孵化出幼鱼的数量都非常多，但受限于鱼缸的空间或其他因素，将其全部养大是几乎不可能的。因此，幼鱼的选育作业十分必要。

在金鱼的成长过程中，可能会经历很多次选育。初选是将畸形、体弱的鱼淘汰。之后会按照需要，根据金鱼的尾形、体形、体色、品种等进行筛选。

选育的基本原则是"外观上乘"与"健康程度良好"。

丰年虫是虾的一种，市场上买到的一般是丰年虫干燥休眠的卵子。用2%~3%盐水浸泡，设置增氧泵，保持水温在28℃左右，1~2天就可孵化出丰年虫。孵化后，用润湿的纱布过滤出幼虫，放入容器内保存。一次用不完也没关系，可放入冰箱冷冻保存。

在幼鱼孵化后的前2周，可一直用丰年虫喂养。2周后，可喂食配方饲料。配方饲料可选用幼鱼专用的粉末状饲料。

还有一种更为简单的幼鱼饲料：是将熟蛋黄溶于水中，用喷壶喷入水中。但其缺点是营养不够丰富，且容易污染水质。这也是许多人更愿意选用丰年虫的原因。

孵化后1个月，幼鱼体长到1厘米左右，可喂食与成鱼相同的饲料。2个月之后，幼鱼体色逐渐显现，之后品种的特征也开始渐渐表现出来。

孵化初期的状态。前2~3天幼鱼只在鱼巢附近活动。

2~3天之后，幼鱼开始四处游动觅食。饲主应开始喂食。

又经过数日，它们的身体开始逐渐呈现出黑色。

孵化后2个月，体色开始初显，尾鳍开始变化，品种的特征开始逐渐显现。

29 鱼病的预防

◆ 金鱼是一种很容易生病的生物。
◆ 了解鱼病产生的原因与预防。
◆ 学习鱼病的早期发现与治疗方法。

了解让金鱼得病的原因

金鱼是一种较为长寿的生物，寿命可达 15 年左右。但是，想让金鱼长寿，一定要基于正确的饲养与管理方法。

影响金鱼身体健康的疾病有很多。经常观察金鱼是否有异常状况，尽早发现并积极进行治疗，这就是让金鱼保持健康的秘诀。

疾病的早期发现离不开细心的观察。

对可能让金鱼得病的原因做到心中有数，也是非常重要的。例如，外部病原体进入鱼缸中，会迅速在金鱼之间扩散。如果这时水质与环境再给鱼体带来压力，金鱼的抵抗力就会下降，非常容易生病。如果突然看见金鱼得病了，往往是饲养环境早就已经出现了问题。

那么，接下来就对可能让金鱼得病的原因进行说明。

不要带入外部病原菌

随时记住，不要将携带有病原菌与寄生虫的金鱼放入鱼缸。可以参考第14页的内容（"如何挑选一只品质上乘的金鱼"），选购健康的金鱼。不健康的金鱼抵抗力较弱，很容易生病，并传染给其他金鱼。所以，"健康状况良好"

是选择金鱼的基本原则，
这也是为了鱼缸内其他金
鱼着想。

水草上也会附着有害
菌与寄生虫。在放入鱼缸
之前要充分洗净，之后用
盐水或高锰酸钾溶液浸泡
消毒。

预防鱼病最基本的一点是保持水质清洁。

严格的水质管理

金鱼的排泄物中含有氨，这对金鱼的健康是有害的。氨会随着时间推移
在水中内越积越多，所以需要定期进行换水，以防水质恶化。过滤装置与增
氧泵，也对水质的维持起着很好的作用。

适量喂食

不仅吃不完的饲料会成为水质恶化的原因，摄食过量也会引起金鱼消化
不良。在适量投喂的前提下，需将吃不完的鱼食捞出。金鱼也和人类一样，
每次吃八分饱最利于健康。

过期或变质的鱼食也容易引起金鱼的消化问题甚至中毒，所以要细心进
行饲料的管理。

不要让金鱼受惊吓

常常受到惊吓会削弱金鱼的抵抗力，成为生病的原因，所以不要将鱼缸
摆放在嘈杂的位置。另外，经常敲打鱼缸或者追赶金鱼，也会成为金鱼受惊
吓的原因。

养成观察金鱼的习惯

金鱼与人类一样，越早发现生病，并及时进行治疗，就越容易被治愈。
在喂食的时候观察金鱼的状态，尽早发现金鱼的异常。

30 鱼病早发现

◆ 可从泳姿与体表的状态判断金鱼是否得病。

◆ 注意观察，鱼病早发现、早治疗。

◆ 怀疑金鱼得病，可立即进行药浴。

日常需注意观察金鱼吃食的状态、泳姿等，与平时相比有没有异常的地方，从中可及时判断金鱼是否生病，尽早发现与及时治疗可治愈大多数鱼病。

仔细观察金鱼的状态，尽早发现鱼病。

· 在水面附近活动，动作迟缓且伴随浮头现象。

· 离开鱼群，在一旁静止不动。

· 没有食欲。

· 在池底摩擦身体。

· 突然性的疯狂游动。

· 长时间沉于水底不动。

这些都是身体状况恶化的征兆。

浮头现象有可能是因为溶氧量的不足，可采取增氧措施。没有食欲时可对金鱼进行盐水浴。另外，金鱼常在池底摩擦身体，一般是由于寄生虫导致的。

还可从一些身体各部分的表现来判断金鱼是否生病。

· 体表光泽度降低。

· 体表出现白色或红色斑点。

· 鱼鳍断裂。

· 眼部突出。

· 口部呈现白浊色。

出现以上症状，说明金鱼极有可能得病了。需尽早选择合适的鱼药，对金鱼进行治疗。

金鱼的身体检查

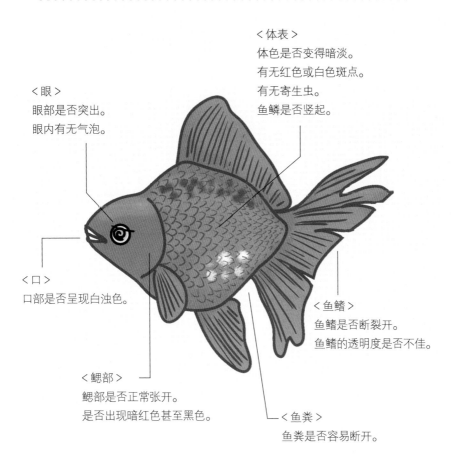

< 眼 >
眼部是否突出。
眼内有无气泡。

< 体表 >
体色是否变得暗淡。
有无红色或白色斑点。
有无寄生虫。
鱼鳞是否竖起。

< 口 >
口部是否呈现白浊色。

< 鱼鳍 >
鱼鳍是否断裂开。
鱼鳍的透明度是否不佳。

< 鳃部 >
鳃部是否正常张开。
是否出现暗红色甚至黑色。

< 鱼粪 >
鱼粪是否容易断开。

出现下列行为也需要特别关注

· 浮头。
· 躲在水底或水草中。
· 离开鱼群静止不动。

· 突然性的疯狂游动。
· 没有食欲。
· 长时间沉于水底不动。

31 盐水浴与药浴

◆ 请将病鱼隔离以避免传染。
◆ 治疗鱼病的基本方法有盐水浴与药浴。
◆ 是药三分毒，请谨慎使用。

轻微症状用盐水浴治疗

治疗鱼病的基本方法有盐水浴与药浴。知道正确的治疗方法，在金鱼突然得病时就不会不知所措。

发现金鱼得病，首先是将病鱼隔离。之后进行换水作业，以及将水草等彻底清洗干净，以除去病原菌或寄生虫。

病症较轻时，只需用盐水浴治疗即可。也许你会认为盐水浸泡会伤害金鱼这种淡水鱼类，但实际上浓度为 0.5% 的盐水会提供合适的渗透压，让金鱼感到十分舒服。不仅在生病时，在金鱼体力大量消耗后进行盐水浴，也可使其迅速恢复。

在每 1 升水中加入 5 克食盐，就可配制出 0.5% 盐水。过高浓度的盐水会增加鱼体脏器负担，反而会导致金鱼衰弱，所以应特别注意。

盐水也可用于消毒杀菌。在刚购入新鱼或水草时，也可先用盐水浸泡进行杀菌。特别是金鱼店买来的金鱼，尽量先进行盐水浴后再放入鱼缸。

药浴的注意事项

◎对症下药。
◎使用合适的药量。
◎增氧泵必不可少。
◎不要喂食。

使用药物之前请仔细阅读说明书

接下来为您介绍药浴的正确步骤。

首先，准备药浴用的容器。因病鱼身体虚弱，所以请将药浴用水与原缸内的水调至相同温度，以减小鱼体负担。如果有条件，可在药浴缸内设置增氧泵，以增加溶氧量。

在药浴缸内加入适量药品。仔细阅读药品说明书，用药量需严格按照说明书的规定。用药过量反而会加重鱼体负担甚至导致中毒，请特别注意。

准备完毕后，将病鱼移入药浴缸。药浴的时间根据药的种类不同而不同，一般是2天至1周。药浴中大家常问的问题是喂食问题。答案很简单：虽然病鱼较为衰弱，但不要过于担心，在药浴期间请让病鱼禁食。

如果单次药浴后金鱼的症状仍然没有减轻，请阅读说明书，追加用药量，换水后再次进行药浴。

即使用药也不是一定可以奏效，症状较重救不活的情况也是有的。另外，药都会有一定毒性，使用时需慎重。必要时可向养鱼专家进行请教。

用药量请参照说明书,药浴时禁止触摸金鱼。

32 常见鱼病及其治疗

◆ 仔细观察症状，对症下药。
◆ 口服药物与饲料充分混合后投喂。
◆ 鱼药可能会使水草枯萎。

鱼药种类较多，根据症状选择合适的药物

　　金鱼不像猫或狗，生病后可以抱去宠物医院进行治疗，一般都是由饲主自己进行治疗。毫无经验的我们，若是使用了错误的鱼药，不仅对治疗鱼病无效，还有可能带来反效果甚至危及金鱼生命，所以要慎重进行选择。

　　鱼药的种类较多，效能却大不相同。较常用的有高锰酸钾与亚甲蓝，可用于治疗白点病、烂尾病、水霉病、鳃霉病等多种疾病。另外，还有驱除如鱼虱、鱼蛭之类寄生虫的敌百虫。请仔细观察病鱼的症状，选择合适的药物。

　　鱼药不仅可以用于治疗鱼病，也可以预防鱼病的发生。发现病鱼后，不仅要将病鱼隔离，也要在原鱼缸内加入相应药物进行预防。新鱼可能会将一些病原菌带入鱼缸，在购入后要先进行盐水浴或用高锰酸钾溶液进行药浴，再放入鱼缸。

　　鱼药以药浴用药为主，也有一些是口服药。可将口服药与饲料混合后，进行投喂。为保证疗效，需要确认病鱼将饲料吃下。

　　另外，鱼药可能会导致水草枯萎。如果在平常饲养用的鱼缸内投放鱼药，请事先将水草取出。

常见鱼药

药名	药效
盐（氯化钠）	消毒、驱虫，防止细菌、真菌及寄生虫病
高锰酸钾	日常消毒，治疗细菌性鱼病
亚甲蓝	治疗鳃霉病、水霉病及寄生虫病，降解水中亚硝酸盐，防止中毒
聚维酮碘	治疗真菌细菌或病毒引起的体表溃烂出血疖疮，对病鱼刺激较小
二氧化氯	防治细菌性疾病，改良水质
溴氯海因	安全无毒的消毒剂，治疗烂鳃病、出血病等细菌性、病毒性鱼病
碳酸氢钠	使水呈碱性，治疗松鳞病
福尔马林	防腐消毒剂，杀灭体外寄生虫，注意用量
敌百虫	驱除体外寄生虫
利凡诺	治疗局部擦伤感染及烂鳍、烂尾病
汞溴红	治疗鱼体浅表轻度感染及局部水霉病

白点病

症状

金鱼最常见的疾病。体表与鱼鳍上出现白色斑点，之后向全身扩散。随着症状加重，金鱼逐渐衰弱直至死亡。

病因

感染一种名为小瓜虫的寄生虫。春秋季节水温在15℃时高发。水质的污染会令症状加剧。

治疗

轻度白点病初期可用盐水浴治疗。如果白点较多，可调节水温至30℃左右，经7~10天，寄生虫会自然死亡；也可以使用亚甲蓝溶液药浴3~4天。

烂尾病

症状

初期尾鳍发病位置变白，分泌黏液，周围充血。随着症状的加重，尾鳍逐渐分叉腐烂，严重时导致金鱼死亡。

病因

鳍部伤口被细菌感染。常由于喂食饲料过多，换水频率过高或水质不良导致。

治疗

隔离病鱼，用高锰酸钾溶液进行药浴。可再加入盐，调节浓度至0.2%~0.5%，效果更佳。

出血病

症状

感染该病毒的鱼眼周、鳃盖、肌肉及鱼鳍基部有出血现象。感染后金鱼会迅速衰弱。具有爆发性，能引起金鱼大量死亡。

病因

感染了一种鱼疱疹病毒。病鱼各器官、组织有不同程度的充血、出血现象，最终因失血过多而死。常因饲养密度过高引起。

治疗

发现该病后，迅速将水温提高至33℃以上，并用溴氯海因溶液进行药浴。

车轮虫病

症状

体表与鱼鳍处出现大量白浊黏液，如同身披"白云"。病鱼食欲减退，呼吸困难。

病因

由一种叫做车轮虫的寄生虫感染导致，该寄生虫较为微小，肉眼不可见。常由于水温急剧变化导致感染。

治疗

盐水浴或用高锰酸钾溶液进行药浴。

赤皮病

症状

鳞片与鳃部出现充血、溃烂，随着症状的加剧，出现鱼鳞、鳍膜脱落。

病因

由于水环境剧变导致的荧光假单胞菌感染。减少水环境的改变可预防该病发生。

治疗

用福尔马林溶液进行药浴。

33 金鱼的死亡

◆ 可以埋在庭院中。
◆ 可以埋在花盆里。
◆ 不可以丢弃在河流或湖泊里。

别离时刻总是悲伤的

可爱的金鱼离我们而去时，悲伤总是难免的，可将其埋葬。

死亡的金鱼会导致水质迅速恶化，应马上将其捞出。将其埋在花盆中，也是一种常见的方法。在上面种上花，也不失为对金鱼的一种纪念。

家庭中有孩子时，金鱼的死同时也是一次情感教育的机会。可以让孩子明白生命的轮回与重要性，甚至可以启发孩子热爱身边的人，热爱生命。

还是让我们趁着金鱼健康活泼的时候，多陪伴它们，仔细照顾它们，用照片或视频等方式记录它们的可爱吧！

第四章 金鱼图鉴

34 金鱼的分类

◆ 金鱼属于硬骨鱼纲，鲤形目，鲤科，鲫属。
◆ 金鱼分为和金型、琉金型、兰寿型与荷兰狮子头型四大类。

四大类金鱼的特征

在分类学上，金鱼属于硬骨鱼纲 / 鲤形目 / 鲤科 / 鲫属。但是，虽然都被叫做金鱼，却有着繁多的品种。

金鱼大体上可以分为四类，分别是和金型、琉金型、兰寿型与荷兰狮子头型。

这其中，与它们的鲫鱼祖先最为接近的，被称作和金型。外形与野生鲫鱼相似，寿命较长，体长可达 20 厘米以上。

琉金型金鱼有着短圆的身体，尾部较长。与和金相比，在水中的动作较为迟钝，但摇摆优雅的泳姿正是它们最可爱的地方。

浑圆的身体且无背鳍，这就是兰寿型金鱼的特点。它们最适合于从俯视视角欣赏。在所有类别中，兰寿的体质是最为娇弱的。

荷兰狮子头型金鱼与琉金型金鱼相比，体型更大，且有华丽飘逸的尾部。

每种金鱼的特性都不一样，不要在同一个鱼缸内饲养多种品种的金鱼。（参见第 28 页）

现今金鱼品种繁多，体貌特征多变，除了上述四大类型的金鱼以外，还有许多其他的品种。

不同品种的金鱼尽量不要同缸饲养。

和金型

代表品种

和金、彗星、朱文锦、三州锦、六鳞等。

特征

外形与鲫鱼相似。生命力较强且饲养较简单。泳速较快，体型较大。

琉金型

代表品种

琉金、玉鲭、出目金、蝶尾、土佐金等。

特征

体形短圆，尾部较长。部分品种肉瘤发达。

兰寿型

代表品种

兰寿、江户锦、樱锦、花房、南京等。

特征

背鳍退化，从上部观看非常可爱。动作缓慢。

荷兰狮子头型

代表品种

荷兰狮子头、东锦、丹顶、青文鱼等。

特征

比琉金型体型更大。尾部一般为三尾与四尾，非常飘逸。

和金型 **和金**

体长可至数十厘米。

金鱼中最原始的品种。

珍稀的银色短尾和金。

与鲫鱼祖先相似，有着流线型的身体，泳姿矫健

各项指数

人气	★★★
饲养简单度	★★★
购入容易度	★★★
新手推荐度	★★★

和金是日本最流行也是最常见的一种金鱼，还是金鱼中最古老的品种。它是在室町时代由中国引进，在日本扎根后被称为"和金"。

从金鱼的祖先处继承了流线型的身体，泳姿矫健。生命力较强，寿命较长，且饲养简单，特别适合于新手。在稍大的容器内饲养，体长可生长至30厘米以上。

一般体色为红色，也有红白相间的品种，都有着很高的人气。

彗星

红白相间的樱彗星。

黄色的柠檬彗星。

深红色的红叶彗星。

以"彗星"命名的长尾形和金

各项指数

人气	★★☆
饲养简单度	★★★
购入容易度	★★★
新手推荐度	★★★

彗星的体形与和金相似，它是由日本出口至美国的一种琉金发生变异而来的，身体部分变为鲫鱼的形态。

正如名字一样，"彗星"有着细长的身体，长长的尾巴。这种尾部是继承了琉金的基因。飘逸的尾部使得它的泳姿十分高贵优雅。

颜色一般呈红白相间，但变化万千。是购买及饲养都较为容易的品种。

和金型　**朱文锦**

五彩斑斓的朱文锦。

飘逸的尾鳍，泳姿优雅。

是体型较大的品种。

有着缤纷花色的高人气观赏鱼

各项指数

人气	★★☆
饲养简单度	★★★
购入容易度	★★★
新手推荐度	★★☆

　　朱文锦的特征为体表呈红、蓝、黑混合的缤纷花色。它是明治时代由三色出目金与单尾和金杂交后培育而来的，也被称作五花草金鱼。

　　体形与和金相似，但有着飘逸的尾鳍。它继承了和金的血统，适应能力较强，容易饲养。

　　朱文锦是体型较大的品种，应饲养在较大的鱼缸内。随着金鱼的成长，体色也会出现各种各样的变化，这也是饲养朱文锦最大的乐趣之一。

柳出目金

拥有飘逸的尾部是其特征之一。

与出目金相似却又有所不同。

身体呈流线型，泳姿矫健。

与和金型相似，但拥有出目金一样突出的眼睛

各项指数

人气	★★☆
饲养简单度	★★★
购入容易度	★☆☆
新手推荐度	★★☆

柳出目金突出的眼睛与出目金相似，但有着与和金一样流线型的身体与彗星一样飘逸的尾部。

敏捷而优雅的泳姿，让人十分喜爱。有说法是它们是和金的一种突变种。但在出目金繁殖中也偶尔会出现这种身体的金鱼。

因眼睛突出，所以容易碰伤，在鱼缸内不要放置太多装饰物。虽然市面上较少，购入较难，但饲养却较为简单。

和金型　三州锦

体形有点像兰寿。

红白分明的配色。

从上部观赏也十分美丽。

无论从上部还是侧面欣赏都十分美丽，红白的配色是该品种的特征

各项指数	
人气	★★☆
饲养简单度	★★☆
购入容易度	★☆☆
新手推荐度	★☆☆

它是在日本爱知县的三河地区，由兰寿与地金(六鳞)杂交而得的品种。

它有着兰寿一般短圆的外形，又有着地金一般全红色的鱼鳍，尾鳍呈孔雀尾状，是日本人最喜欢的红白分明的品种。无论从上部还是侧面观赏它都是一种十分美丽的品种。

因为是新品种，目前市面上不多见，较难获得。

六鳞

六鳞是备受追捧的稀有品种。

身体上6处呈红色。

背鳍呈红色，从上部观察也十分美丽。

如名字一样，它身体上有六处呈现红色

各项指数

人气	★★★
饲养简单度	★★☆
购入容易度	★☆☆
新手推荐度	★☆☆

江户时代，和金型金鱼变异出尾部上翘短尾形态的品种，这就是六鳞的始祖。其背鳍、胸鳍、尾鳍等身体6处呈红色，在昭和时代被命名为"六鳞"。就品种而言，它与日本爱知县的天然纪念物"地金"是属于同一品种。区别在于地金从上部观察是四尾，六鳞则是二尾。另外，六鳞的身体更加修长。

培育较难故价格较高，它是金鱼爱好者十分追捧的稀有品种。

琉金型　琉金

带一点圆形的身体，形态优雅。

从上部欣赏琉金。

琉金憨态可掬的泳姿。

体形丰满泳姿憨态可掬，深受日本人喜爱

各项指数

人气	★★★
饲养简单度	★★★
购入容易度	★★★
新手推荐度	★★★

在日本，它们是与和金一样具有高人气的品种。江户时代，从中国经琉球引入，故称之为"琉金"。之后，日本人根据喜好发展出了多种改良品种，现在出口至全世界。

与和金相比，它身体更高，侧面看更为短圆；头部较小，口部突出是最明显的特征；鱼鳍较长且呈三尾或四尾型的尾鳍飘逸优雅；色彩一般为红白或三色，无论从上部还是侧面欣赏，都十分美丽。

玉鲭

玉鲭的一龄鱼。

玉鲭矫健的泳姿。

体形还较小的一龄鱼群。

有着飘逸长尾且泳姿矫健的大型品种

各项指数

人气	★★☆
饲养简单度	★★★
购入容易度	★☆☆
新手推荐度	★☆☆

玉鲭与琉金相似，体形略呈圆形，有着如同彗星一般较长且飘逸的尾部。因此，是琉金型金鱼中少有的泳姿矫健的品种。

它被誉为"可与锦鲤共游"，是体型较大的一个品种。它一般需饲养在较大的鱼缸内，且减少饲养的数量，让其有更大的活动空间。

琉金型普遍不耐寒，越冬后身体较弱故难以进行繁殖，但玉鲭却有着较好的耐寒性，因此繁殖较为容易。

琉金型 # 出目金

出目金一双可爱的大眼睛。

双目左右对称且有神。

五花色的出目金也十分具有人气。

突出的眼球十分惹人注目

各项指数

人气	★★★
饲养简单度	★★☆
购入容易度	★★☆
新手推荐度	★★★

有着一双突出且有神的眼睛，这就是出目金最大的特征。在众多金鱼品种里十分有存在感。

出目金是由琉金突变而来，且基因较为稳定。刚孵出的幼鱼眼睛是正常的，数月后，它们的眼睛会逐渐变得突出。双目对称，有神且转动有力，这就是一只优秀出目金的评价标准。除了常见的黑色，出目金还有红色及五花色。因突出的眼部容易被蹭伤，所以尽量不要在鱼缸内放置太多有棱角或较为粗糙的装饰物。

蝶尾

这一品种被称为"熊猫"。

黑红配色的"小浣熊"。

蝶尾有与出目金类似的大眼睛。

配色丰富且有着像蝴蝶一样美丽的尾部

各项指数

人气	★★★
饲养简单度	★★☆
购入容易度	★★☆
新手推荐度	★★★

　　蝶尾是由出目金进行品种改良而出的。其体形与出目金相似，眼部突出，因有着如同蝴蝶翅膀一般舒展美丽的尾部而得名。蝶尾有着丰富的配色，有黑白配色的"熊猫"，有眼部呈黑色但身体呈红色的"小浣熊"等超高人气的品种，此外还有红色、黑色、花色等。它的尾部虽然非常美丽，但因为身体与尾部呈同一高度，不太擅长游泳，所以尽量不要将它与其他品种的金鱼混养。其尾部较大，较急的水流容易使尾部折断或变形，故需特别注意。

琉金型 **穗龙**

穗龙游动时摇曳着长长的尾部。

突出的双目是穗龙特征之一。

颜色更淡的变龙。

诞生于日本赤穗市的新品种，其珍珠般的颜色，淡雅而有品位

各项指数	
人气	★★☆
饲养简单度	★★☆
购入容易度	★☆☆
新手推荐度	★★★

这是日本兵库县赤穗市培育出的新品种。由诞生故乡赤穗的"穗"，与出目（龙睛）的"龙"各取一字，取名为"穗龙"。

初见穗龙，可能感觉它的外表较为平常。但细细观察，带有黑色的身体上浮现出珍珠般淡雅的光泽，充满了高级感。因为是由出目金培育而来，所以有着突出的眼睛。

目前，穗龙这一品种还在朝着更加美丽纯粹的体色而持续改良中。改良后的穗龙被称作"变龙"。

土佐金

从上部看到的土佐金的美丽尾部。

体形与琉金基本一致。

日本冈山县出产的土佐金。

如同扇子一般向两旁张开的美丽尾部，它是日本高知县的天然纪念物

各项指数

人气	★★★
饲养简单度	★☆☆
购入容易度	★☆☆
新手推荐度	★☆☆

土佐金由日本大阪兰寿与琉金杂交而来，主要在高知县及其周边地区培育，被指定为高知县的天然纪念物。

与琉金相似，土佐金头部没有肉瘤，它最大的特征就是有着如同扇子一般向两旁张开的尾部。虽然土佐金的尾鳍较大，但却仍然拥有着优雅的泳姿。

土佐金的饲养较为困难，在日本，大家常用"门外不出"来描述它们，表示它们是决不拿出家门外的珍藏，但这仍挡不住金鱼玩家们对它们的追求。饲养土佐金的几个要点为：保持水质清洁，不要喂食过多，使用较浅且面积较大的鱼缸。

琉金型 其他琉金

色彩斑斓的三色琉金。

有着美丽尾鳍的宽尾琉金。

由国外引入的短尾琉金。

有着丰富配色与各式鱼鳍的美丽琉金

各项指数

人气	根据品种而各不相同
饲养简单度	根据品种而各不相同
购入容易度	根据品种而各不相同
新手推荐度	根据品种而各不相同

现代琉金已发展出了各式各样的品种。有青、红、黑相间的"三色琉金"，美丽的色彩为其赢得了超高的人气。

"宽尾琉金"有着飘逸的尾鳍，游动时尾部如蝴蝶飞舞。相反,"短尾琉金"的尾部较短，像个不倒翁一样。尾部的不同也使得它们有着各不相同的泳姿与可爱之处。

另外,有着黑白配色的"熊猫琉金",如其名字一样，它的配色让人一看就会想起可爱的大熊猫。

兰寿型 **兰寿**

短短的尾部更凸显出兰寿的可爱。

俯视观赏也十分美丽。

兰寿一龄鱼。

被称为"金鱼之王",充满了王者风范

各项指数	
人气	★★★
饲养简单度	★★☆
购入容易度	★★☆
新手推荐度	★★☆

兰寿是从"丸子"这一由和金突变而成的品种改良而来的。从江户时期至明治时期兰寿经过不断的培育改良。

兰寿最大的特点就是它们有着短圆的蛋状身体,且面部有肉瘤。其外表充满了王者风范,故被称作"金鱼之王"。日本各地都设有"兰寿爱好者协会",且常常举办"兰寿品评会",可见其人气之高。

与短圆的身体相比,其尾部的比例较小,所以不擅长游动。体色除了常见的有金黄色、红白、红色以外,还有黑色、青色等。

江户锦

体形与兰寿十分相似。

其配色是很重要的评价标准。

俯视欣赏也非常美丽的品种。

特征是有着浑圆的体形与头顶的肉瘤，是出生于东京的品种

各项指数

人气	★★☆
饲养简单度	★☆☆
购入容易度	★☆☆
新手推荐度	★☆☆

　　江户锦是兰寿与五花色东锦的杂交品种，战后于东京（江户）培育出，因而被称为"江户锦"。其中又有一种尾部特别长的被叫做"京锦"。

　　兰寿特有的头部肉瘤，没有背鳍，以及略带圆形的体型，红、白、黑三色均匀分布的五花体色是江户锦的特征。根据个体的不同，它们呈现出千变万化的花色。

　　因数量不多，故为一种珍贵的品种。该品种的历史较短，现在也一直在持续进行品种改良。

兰寿型 樱锦

体色清晰，充满透明感。

尾部飘逸，俯视观察也很美丽。

樱锦与江户锦，两者体形十分相似。

有着如同樱花一般红白相间的体色，是一种高人气的新品种

各项指数

人气	★★★
饲养简单度	★★★
购入容易度	★☆☆
新手推荐度	★☆☆

樱锦是由兰寿与江户锦杂交培育而来，在平成时代由爱知县弥富市的深见养鱼场培育出的新品种。

红白相间的体色使其具有超高的人气，游动时如同樱花飞舞。因为带有江户锦的基因，所以它也会有五花色的个体。

樱锦的饲养比起兰寿更加容易，只要遵循基本饲养方法，寿命可达10年以上。另外，在较为宽阔的鱼缸内饲养可以使其体型增大，一般可达20厘米左右。推荐使用可以欣赏其美丽樱花体色的平视型鱼缸。

兰寿型 **花房**

没有背鳍的兰寿型。

鼻部的突起随着金鱼的成长而逐渐变大。

花房有着各式各样的配色。

鼻部突出，随着游动而摇摆的样子十分可爱

各项指数

人气	★★★
饲养简单度	★☆☆
购入容易度	★★☆
新手推荐度	★★☆

花房是昭和时代从中国引进的品种。鼻部有肥大的房状肉瘤是其最大的特征，并因此而得名。

有着没有背鳍的兰寿型与有背鳍的荷兰狮子头型两种。荷兰狮子头型花房为日本培育出的品种。

体色有红、红白以及茶金色。丰富的颜色组合以及游动时摇摆的大花房，使其拥有了超高的人气。

南京

以欣赏其白色为美的品种。

虽没有背鳍，但南京的平衡感仍然很好。

被称为"樱南京"的品种。

带有光泽的银白体色，是日本岛根县的天然纪念物

各项指数

人气	★★☆
饲养简单度	★☆☆
购入容易度	★☆☆
新手推荐度	★☆☆

南京是在江户时代由日本出云地区培育出，现在被指定为岛根县的天然纪念物。

体色为银白色，只在口部、鳃部、鳍部带有红色。银白光泽度的好坏是评价南京的重要标准。比起兰寿，南京的身体更加圆，尾部更短。特有一种超凡脱俗的高贵感，这也正是南京最大的魅力。

在市面上很难看到南京的身影，一般只能在展览中见到。

荷兰狮子头型 **荷兰狮子头**

鱼鳍长而飘逸。

肉瘤发达，甚至把眼睛都埋在里面。

少见的黑白配色。

顶着肥嘟嘟的肉瘤，十分具有气场的大型金鱼

各项指数

人气	★★★
饲养简单度	★★★
购入容易度	★★★
新手推荐度	★★☆

荷兰狮子头是由琉金突变型改良而来的品种。江户时代后期由中国经冲绳引入长崎。当时海外流入日本的商品统称为"荷兰货"，故因此而得名。

头部有着发达的肉瘤，身体与鱼鳍都较长，有着强大的气场。体色有红白、红色、黑色等。饲养较为简单，成长也比较迅速，有的个体甚至可以长到40厘米，被称为"巨型荷兰"。它是一种无论平视或是俯视都十分美丽的品种。

荷兰狮子头型 东锦

随着东锦的成长，其肉瘤也会变得越来越发达。

体色红白分明的个体。

俯视欣赏其舒展飘逸的鳍部。

大大的身体上布满鲜艳的斑驳花纹

各项指数

人气	★★☆
饲养简单度	★★★
购入容易度	★★☆
新手推荐度	★★☆

　　东锦是昭和时代初期由日本横滨的金鱼商培育而出的。它由荷兰狮子头与五花出目金杂交而来，故又被称为"五花荷兰"。体表有着五花色系特有的青色、黑色、红色、银鳞等特征。

　　其体形与荷兰狮子头相同，肉瘤发达，鱼鳍较长，可以长到很大，是一种极具人气且饲养较为简单的品种。尽可能将它饲养在较大的鱼缸中，可以促进其生长。一只大型的东锦简直可谓是气场满分。

荷兰狮子头型 丹顶

配色让人一下子就想到丹顶鹤。

如同帽子一般的肉瘤。

饲养较为简单。

红白颜色反差明显如同带着红色的帽子

各项指数

人气	★★★
饲养简单度	★★☆
购入容易度	★★☆
新手推荐度	★★☆

丹顶在昭和时代初期由中国引入。它们只有头顶部呈红色，仿佛戴着一顶红色的贝雷帽。因其形象如同丹顶鹤一般，故而得名。其红白干净的配色深受日本人喜爱，因而具有超高的人气。

日本产的丹顶体型与荷兰狮子头类似，鳍部较长。中国产的丹顶则体型较小，但肉瘤更为发达，具有一种特殊的反差美。还有一种没有背鳍的兰寿型丹顶。

荷兰狮子头型 青文鱼

体色淡化被称为"羽衣"的青文鱼。

青文鱼有着类似鲫鱼祖先的体色。

青文鱼的尾鳍向左右两边伸展。

有着巨大的鱼鳍，黑中泛青的体色充满着高级感

各项指数

人气	★★☆
饲养简单度	★★☆
购入容易度	★★☆
新手推荐度	★★☆

青文鱼有着与荷兰狮子头类似的体形，特征为有着黑中泛青的体色，是昭和时代从中国引入的品种。

在中国，因为尾型为三尾或四尾且带有背鳍的金鱼俯视时形状像汉字"文"，故称它们为"文鱼"。青文鱼即为青色的文鱼。

青文鱼中还有体色淡化的"羽衣"，以及体色完全褪为白色的"白凤"。购入不太容易，只要遵循基本饲养方法，寿命可较长。

其他 | **水泡眼**

水泡巨大的个体。

随着身体摇动的水泡。

五花体色的水泡眼。

两侧脸颊上附着着两个大水泡，十分滑稽

各项指数

人气	★★☆
饲养简单度	★★☆
购入容易度	★★☆
新手推荐度	★★☆

　　水泡眼是昭和 30 年（1955 年）从中国引入日本的。它们最大的特征就是两侧脸颊上各有一个着充满淋巴液的大水泡，并因此而得名。

　　水泡十分脆弱，一旦破裂就再也恢复不了，故要注意不要在鱼缸内放置任何可能伤害到水泡的物体，并且尽量减少同缸饲养的个体数。除此之外，它们是一种饲养较为简单的品种。

　　游动时水泡随着身体摆动，十分滑稽有趣。水泡眼一般不具有背鳍，有着弯弯的背部，但最近市面上也有流通带有背鳍的品种。

第五章 金鱼饲养问与答

金鱼饲养专家为您解答关于金鱼的一些常见问题

我最喜欢春夏季了！

问题① 最适合饲养金鱼的季节是哪个季节？

答 春季到初夏最适合饲养金鱼。

说起金鱼，就会让人感受到夏天的气息。从江户时代起，金鱼的叫卖声逐渐成为了夏季的一首风物诗。春季至初夏时节，水温逐渐升高，达到饲养金鱼的最佳范围，是一个较非常适合金鱼生长的时期。初学者可以选择在这一时期购入金鱼，饲养起来也较为容易。

秋季在各地一般都会开展金鱼品评会。想要购入当年孵化的金鱼（当岁鱼），秋季品评会是最佳时期。

问题② 金鱼的寿命一般有多长？

答 最长可达 15 年。

初次饲养，可能还没等到夏天过去，金鱼就死去了，不免会让您觉得金鱼是一种很短命的生物。但这是一个大误解，其实采用科学饲养方法，生命力强的品种可以有 10~15 年的寿命，曾经甚至有金鱼创下生存 25 年的记录。当然根据金鱼的个体差异，寿命也有所差别。但总的来说，金鱼是一种生命力较强且寿命较长的物种。

问题❸家中几天都没人的时候怎么办？

答 一周左右不喂食也没关系。

金鱼最怕的是喂食过量。喂食过量会导致水质恶化，威胁金鱼的健康。一周左右不进行喂食，不会对金鱼有什么影响，所以短期旅行不必过于担心。如果实在是担心，可以喂食一种在数天内逐渐溶解的饲料，或者购买自动喂食机。

另外，长时间不在时，应开启过滤装置与增氧泵，并关闭照明灯具。

问题❹住在寒冷地区，可以饲养金鱼吗？

答 依然可以饲养金鱼。

金鱼在10℃以下会行动迟缓，5℃以下进入冬眠状态。0℃左右的水温虽然也不至于让金鱼死亡，但是金鱼基本上不进食，体力会逐渐下降，所以应停止清洗鱼缸等工作，防止惊扰金鱼。寒冷地区的饲养者应使用加热棒，让水温保持在一个合适的范围，为金鱼创造一个舒适的环境。

问题 ❺ 金鱼可以和其他河鱼一起饲养吗？

答 基本上可以。

基本上金鱼可以与淡水的河鱼或热带鱼一起饲养。但要注意不要将体型与游速相差太多的品种放在一起饲养。

金鱼的性格较为温顺，一般不会攻击其他鱼类。但因为金鱼是杂食性鱼类，可能会吞食小型鱼类，故需要特别注意。

问题 ❻ 单独饲养的金鱼会感受到寂寞吗？

答 金鱼确属群居动物。

金鱼的祖先鲫鱼有着群居的习性，因此金鱼也喜欢群体生活。比起形单影只，金鱼更喜欢跟同类一起追逐嬉戏。

群养的时候，可以更容易观察到某只金鱼的异常，从而对其身体状况进行检查。但饲养密度过高反而会导致水质恶化及缺氧等一系列问题，请根据鱼缸的大小选择适合的饲养数量。

问题 ❼ 饲养水的最适合 pH 值是多少？

答 使用 pH 7.0 的中性水。

pH 值是表示酸碱度的一个数值。中性水的 pH 值为 7.0，其以上的为碱性，以下的为酸性。金鱼喜欢中性的水，城市自来水一般都呈中性，可以放心使用。

但是随着水中污渍的积累，酸碱度会逐渐变为酸性，所以要养成定期换水的习惯。酸性过强的时候突然进行大量换水，会导致 pH 值急剧变化，对鱼体造成很大的负担。所以要避免单次换水量过多。

　　水的 pH 值可以使用市售的 pH 试纸进行检测。

问题❽为什么经常看到金鱼拖着一条长长的粪便？

答 金鱼没有控制肛门开闭的肌肉。

　　金鱼没有胃部，食物经食道与肠道吸收，转化为粪便。金鱼的粪便通常较长，是因为金鱼没有控制肛门开闭的肌肉，所以无法将粪便切断。

问题❾金鱼会习惯人类的存在吗？

答 金鱼会逐渐习惯人类，并与人类亲近。

　　每天对金鱼进行照顾，金鱼与您之间会逐渐会建立起一定的感情。每当投喂饲料时，金鱼都会主动向您靠近，让您感觉到它对您的亲近。

问题❿金鱼的视力好吗？

答 视力很差，但视野宽阔。

　　金鱼的视力不是很好。有研究表明，金鱼的视力只能达到 0.1~0.5 这个程度。但是，因为其眼睛生长在头部两侧，所以视野很宽阔，可以识别多种色彩，特别是对红色系的识别能力很强。

问题⓫夜里金鱼会睡觉吗？

答 金鱼不用闭眼睛也可以睡觉。

　　夜间关闭鱼缸上的照明，金鱼会在水底静止不动。因为没有眼皮，所以它们的

晚上我也要睡觉哟！

眼睛无法闭上，但此时的金鱼正处在睡眠状态。夜间请给金鱼创造一个黑暗的环境，并不要投喂饲料或叩击缸壁，让金鱼静静休息，保持金鱼的生物钟正常。

问题12 家里有孩子时需要注意些什么？

答 鱼缸的位置与饲料的投喂量。

金鱼是孩子们最好的玩伴，因此不用太过于担心。但是，年龄太小的孩子会有打翻鱼缸的可能，故请将鱼缸放置在触碰不到的高处，并保证鱼缸放置台面的稳定。另外，孩子们进行投食时，往往会喂食过量，应特别注意。

孩子们最喜欢我了！

问题13 挑选金鱼时需要注意一些什么？

答 挑选最健康的金鱼。

金鱼店里贩卖的金鱼，一般刚刚经过长途运输，身体较弱。为了能够长期饲养，要选择其中最健康的金鱼。避免选择出现鳞片竖起、体表有伤口、鳃部充血、不合群等现象的金鱼。

将金鱼拿回家后的操作，请参见第17页。

问题⑭除了金鱼以外还有饲养其他宠物，需要注意些什么？

答 猫是金鱼的天敌。

首先要判断这些宠物是否对金鱼构成威胁。一般狗、小鸟、兔子、仓鼠等不会对金鱼造成伤害，但猫却是金鱼的天敌之一。家里有养猫的，一定要将鱼缸加盖，避免猫将爪子伸入鱼缸中。

问题⑮第一次养金鱼，有推荐的品种吗？

答 强烈推荐和金型金鱼。

推荐与金鱼的祖先鲫鱼最为接近的和金型品种。和金、彗星或朱文锦之类的和金型金鱼，因其生命力顽强，饲养简单，所以推荐新手饲养。

其余品种金鱼的有饲养也有难易之分。总而言之，体形越接近圆形，与鲫鱼祖先差别越远的金鱼，饲养难度越大。

问题⑯想从网上购入金鱼，需要注意些什么？

答 选择好评度较高的店家。

如果附近没有大型的金鱼店，网购金鱼也是一种很好的手段。但因为不是通过自己的观察来选择金鱼，所以要选择一家好评度较高的店家。可以通过其品种规模、成交量、买家评价、客服对提问的态度等方面进行判断。

网购的金鱼会带水装在一个充满氧气的塑料袋中，用硬质包装箱仔细包装好并有专业宠物物流进行配送。

问题⓱搬家的时候，金鱼如何移动？

答 注意震动与温差。

直接移动鱼缸，会将震动传递到水中。应将鱼装到塑料袋中，充入氧气，封口后再进行运输。用汽车运输的情况下，不要将袋子直接放在车上，应抱着或提着，尽量减少震动。到新址后，应确认好水质与水温达到要求后，再按程序将金鱼放入鱼缸。

问题⓲金鱼常常跃出水面，是什么原因？

答 感染寄生虫的可能性很高。

金鱼从鱼缸里跳出的事件时有发生，平时应给鱼缸加上盖子。频繁跳起的话，且伴随着金鱼在水中缺乏活力，很大的可能性是寄生虫导致的鱼体不适。应立即进行检查。

呆萌的表情。

以水草与水泡为背景，层次感分明。

设置黑色背景，金鱼的形态与动作一览无余。

问题⑲ 想给家里饲养的金鱼拍照，但怎样也拍不好。该如何才能拍出展现金鱼动感与美丽的照片？

答 给金鱼拍照有以下6个小窍门。

每个金鱼玩家都想将金鱼的美丽姿态定格在底片上。但是，活泼好动的金鱼却让拍照难度上升不少。这里教大家几个小窍门，帮您拍出金鱼的美照。

❶使用专业单反相机

使用快门速度可调的单反相机。较高的快门速度可以清晰地捕捉移动的物体，最适合给好动的金鱼拍照了。如果没有单反相机，在金鱼静止的一瞬间按下快门，往往也可以得到效果很好的照片。

❷水与鱼缸保持干净

为了得到一枚清晰的照片，水与鱼缸壁的透明度是十分重要的。所以尽量在拍摄前进行一次换水清洁作业。或者准备一个干净的拍照专用小型鱼缸。另外，鱼缸内的亮度也是拍出好照片的关键点。打开照明灯，可以让照片曝光更加充分，对比度更高。

❸放入水草

以水草作为背景，用水草的绿衬托出金鱼的鲜艳体色。照片的色彩将更加鲜艳。

❹对焦于金鱼的眼睛

对焦在金鱼的眼睛，可以拍出清晰的头部细节，虚化的鳞片会使照片更加具有层次感。

❺预判金鱼的动作

金鱼是非常活泼好动的生物，不可能指挥它停下，所以要学会预判金鱼的行动轨迹，在金鱼游到某一个场景前按下快门，这是很重要的技巧。

❻保持耐心，不要放弃

即使拍出很多失败的照片，也不要放弃，每次按下快门，都是在磨炼并总结拍摄技巧，最终一定可以拍出心中的理想照片。

著作权合同登记号：图字13-2018-092

图书在版编目（CIP）数据

金鱼养护与鉴赏这本就够 /(日) 长尾桂介著；时雨译.—福州：福建科学技术出版社，2020.3
ISBN 978-7-5335-6025-6

Ⅰ.①金… Ⅱ.①长… ②时… Ⅲ.①金鱼－鱼类养殖②金鱼－鉴赏 Ⅳ.①S965.811

中国版本图书馆CIP数据核字（2019）第225108号

书　　名	**金鱼养护与鉴赏这本就够**	
著　　者	〔日〕长尾桂介	
译　　者	时雨	
出版发行	福建科学技术出版社	
社　　址	福州市东水路76号（邮编350001）	
网　　址	www.fjstp.com	
经　　销	福建新华发行（集团）有限责任公司	
印　　刷	福建彩色印刷有限公司	
开　　本	700毫米×1000毫米　1/16	
印　　张	7.5	
图　　文	120码	
版　　次	2020年3月第1版	
印　　次	2020年3月第1次印刷	
书　　号	ISBN　978-7-5335-6025-6	
定　　价	35.00元	

书中如有印装质量问题，可直接向本社调换